牧野富太郎の植物学

田中伸幸 Tanaka Nobuyuki

はじめに

私が育った東京大田区は、坂の多い町だった。都会の外れで、まだところどころに森が残り、クワガタも採れた。坂道に息を切らせながら自転車を漕いで、近くの洗足池に出掛けては、もっぱら昆虫やザリガニ、クチボソ（モツゴ）などを採って遊んだ。自然の中に身をおき、生き物と接するのが好きだったが、植物に興味を惹かれた記憶はなかった。

やがて、当時、目黒から蒲田まで走っていた目蒲線の駅前にある高校に進学した。部活動を生物部（実際は「生物班」といった）に決めたとき、予期せず何の生物を対象に活動するか、事前に選ぶように言われた。迷っていると、植物は人が少ないからどうか、という。思えば、その後、植物学へ進むきっかけが、そのときの何気ない、ほんの小さな「選択」にあったのかもしれない。

当時、植物担当の顧問の大川ち津る先生は、多摩川沿いに自生する植物の形質を調べていた。観察・採集会は、月に一度の近場での例会と、年に一度の遠征から構成され、毎回、たくさんの標本を採集した。本格的に植物標本というものを扱ったのはこのときからである。この出会い以来、いまでも標本を扱う仕事をしている。

高校から程近くに、林業試験場の跡地があった。林試（りんし）の森といい、現在では立派な公園に整備されている。夏の遠征は、隔年で日光の戦場ヶ原（せんじょうがはら）と秋田の乳頭（にゅうとう）温泉だった。採集調査には体力も必要だからと、遠征の前には林試の森での筋トレが恒例となっていた。筋トレのある生物部など聞いたことがなく、スポーツが嫌いだった私には苦痛だったが、それでも夕暮れの風が、軽く汗ばんだ肌に心地よかった。

その生物部で、植物の名前を覚えるには、標本を作製し、自ら名前を調べることが大切であると、先生から差し出されたのが『学生版　牧野日本植物図鑑』だった。牧野富太郎（まきのとみたろう）。その名を初めて目にした瞬間だった。一ページに六種類の植物の図解と、その説明が端的かつ明解に記述されていた。そのときから、標本を作製しては図鑑と照らし合わせる日々が始まったわけだが、考えてみれば現在に至るまで、やっていることは同じである。

私の専門は、特に東南アジアの植物における種の多様性の研究で、毎年数回は、東南アジアをフィールドとして、調査を行い、多数の標本を採集しては同定する。「同定」とは、その生物のアイデンティティを決めることであるが、それはつまり、何という学名かを調べることである。

いまだに世界には、植物の多様性がまだまだ未解明の地がたくさんある。現在でも分類学の論文の七割以上が新種の発表であることを考えれば、そのことは容易に想像できる。しかし、分類学者は「違うもの」「いままでに見たことがないもの」を探しているのではない。これまで先人たちが認識してきた種と、自分が目の前にしている標本の実体が同じなのかという形で、どちらかといえば、同じものを探している。

植物相（専門用語では「フロラ」という）が未解明な地域では当然、そのうち、既知のどれにも当てはまらないものが出てくる。そこで初めて、目の前の植物がこれまでの科学で認識されていなかった可能性が示唆されるわけである。したがって、同定こそ分類学の基幹をなすものといえる。

現在の私たちが、道沿いや家の近くの空き地に咲いている綺麗な野草の名前を知りたいと思えば、書店の店頭に並ぶ、美しい写真が満載された植物図鑑のいずれかの中に答えはある。日本ほど、一般向けの植物図鑑が数多く出版されている国はない。しかし、それが先人である植物分類学者たちの研究成果が集約され、社会へ還元されたものであることを意識する人は少ないだろう。

牧野富太郎は、まだ研究が十分でなかった時代、日本のフロラの解明に尽力した代表的な植物分類学者で、『牧野日本植物図鑑』(牧野図鑑)は、彼の没後も改訂や増補を繰り返し、日本の植物図鑑の代名詞のような存在となっている。

牧野は、まだ認識されていなかった植物や、認識されて和名はついているものの、学名がなかった植物に、次々と学名をつけた。西洋の植物学者がつけた学名はあっても、和名がなかった植物には新しい和名を与えた。牧野図鑑だけではなく、日本国内で出版されている数多くの植物図鑑の中に、その功績を見ることができる。

牧野富太郎は、「日本の植物学の父」と呼ばれ、小学校を自主退学し、独学で植物分類学を修め、圧迫にも負けることなくアカデミズムと対峙した在野の植物学者として、貧窮中にあって志一筋に日本のフロラを研究し、植物知識の普及に尽力した、英雄的存在——。命名した植物は一五〇〇種、生涯に集めた標本は四〇万点といわれる。そんな夫を懸命に支え続けた妻、その妻に学名を捧げたという逸話も有名だ。

まさに大衆受けする「人間ドラマ」が喧伝され、そのドラマの部分だけが昭和という激動の時代にあって舞台照明を浴び、定形のストーリーとして、世の中で語り尽くされてきた。しかし、独学とは、一種の模倣の上に成立する。植物学の黎明期にあって、学術の発展著しい中で、独学にも限界はあったと考えるのが自然である。

確かに牧野の後半生は、アカデミズムから距離をおき、植物趣味家や愛好家、初等中等教育者とともに、在野の研究家の道を生きたように見える。それでも、少なくとも前半の人生では、東京大学というアカデミズムの中心に身を置き、学術雑誌の創刊に携わるなど、明らかに牧野自身もアカデミズムの砦の中の人物だった。

私には牧野が、アカデミズムと対峙した「在野の研究家」だったとは思えない。

いま、ネットで「牧野富太郎」を検索すると、じつにたくさんの情報がヒットする。「日本の植物学の父」とは、必ず出てくる牧野の紹介文句だが、そう呼んだのは誰で、果たしてそれは正しいのか。科学の分野なのに業績の記述も曖昧で定まっていない。標本が四〇万点だったり、五〇万枚だったり、数値も単位も定まらないのはなぜか。科学者で、これほど不確かな情報が一人歩きしている人物も珍しい。

牧野富太郎に関する本は多く世に出されているにもかかわらず、そのほとんどは植物学とは無縁の著者によって書かれた同じようなストーリーで、牧野の研究が真にどういうものだったのかを掘り下げて解説したものもあまりないように思う。植物学の本質が理解されないまま、英雄伝的人物像が先行し、業績の検証があまり行われていない。

牧野を顕彰する施設は驚くほど全国にいくつもある。滅多に社会の前面に出ることのない植物分類学という分野の研究者で、これだけ社会的に注目された人物はおそらく他にいないだろう。

しかし、業績を顕彰するためには、その人物がその分野で果たした役割、仕事というものを正しく、冷静に、そして中立的に理解しなくてはならない。科学は証拠主義に基づいている。牧野富太郎を科学者として捉えるならば、人物像やそれを取り巻く人間ドラマではなく、学術的に正確な情報、検証された業績、それが与えたインパクトなどで評価されるべきである。

本書は、牧野富太郎の人物像を考察するものではまったくない。牧野が専門とした学問分野はどういうものだったのか。研究者としての牧野の業績はどういうもので、どのような意味をもっていたのか。そして、それが現在にどのように影響を与えているのか。これらについて、自然科学の立場から考察するのが本書である。

それは紛れもない顕彰施設の一つに勤めていた私の、牧野について、長年にわたって心の中に立ち込めていた「霧」を立ち退かせる、一種の試行でもある。できるだけ正確に牧野富太郎の植物学者としての軌跡をたどることで、自然科学、特に植物の種の多様性の研究に対する、読者の理解が深まり、ひいては分類学への興味につながれば幸いである。

牧野富太郎の植物学　目次

校閲　髙松完子
ＤＴＰ　佐藤裕久

第一章　植物分類学者・牧野富太郎

牧野富太郎は「過去の人物」ではない

植物分類学という分野は、何か普遍的な現象を追究し、発見するような分野ではなく、地道な努力が、ノーベル賞のようなきらびやかな舞台にいつかつながるわけでもない、植物学の最も基盤にあって、気にしないと気づかないような分野である。

たとえその道で業績を挙げた人物であっても、世の中から華々しく注目されることはないに等しく、誰もが名前を知っている植物分類学者などはいないといっていい。しかし、その中で例外的に一般によく知られ、驚くほど知名度が高い人物がいた。高知県出身の植物学者、牧野富太郎である。

日本では、明治に入って初めて本格的な植物学が花開いた。そんな時代に土佐の田舎から上京し、学歴はなかったが、東京大学というアカデミズムの中心で活躍する機会を得て、当時まだ認識されていなかった数多くの日本の植物を見つけては、同定し、学名をつけていった男。

晩年、その活動の集大成として出版した日本の植物図鑑、『牧野日本植物図鑑』は、初版から八〇年以上が経った今でも書店の図鑑コーナーに並ぶ。ほぼ独学で植物分類学を修め、その過程で培われた知識を広く、一般大衆に向けて惜しげもなく発信した。マスコミにもよく取り上げられ、全国にファンもいた。そして、自らを「草木の精」と称した。

牧野は、日本の植物学の黎明期に活躍し、日本の植物に日本人としては最も多くの学名をつけた。日本の植物の研究と、そこから得た植物の知識、面白さを世の中に精力的に広めることを喜びとし、それ一筋に生きた。土佐の風土が生み出した「いごっそう（豪快で気骨のある人物）」という性分の、一癖ある男であった。

昭和三二年（一九五七）に九六年の人生を閉じたのちも、彼が世に送り出した植物図鑑は版を重ね、収集した標本はのちの日本の植物研究に役立った。全国に育てた植物ファンは、その精神をさらに弟子たちへと引き継ぎ、地域の植物相をより高い精度で明らかにすることに貢献していった。没後は高知や東京、神戸に顕彰施設が設立された。牧野富太郎について知りたいと思えば、それらの場所に行けばおおよそは知ることができる。

牧野富太郎（写真提供：牧野一淳氏）

しかし、牧野富太郎は「過去の人物」ではない。学術論文もそうであるが、評価される尺度の一つに、その仕事がどれだけの影響を及ぼしたか、という考え方がある。その意味でいうと、牧野富太郎が多方面に及ぼした影響には目を見張るものがあった。平凡な一植物分類学者がなせることではなかった。植物学の研究だけでなく、音楽、哲学、英語学まで、さまざまな方面に及ぼした影響の大きさに、牧野の凄みが表れている。

植物分類学の分野で、終始一貫して日本列島の植物を網羅的に記録しようとした牧野は、非凡な行動力と、若いころに土佐の自然の中で培った鋭い観察眼を持ち合わせていた。牧野富太郎の「草木の精」という自称こそ、人間が本来持っている他の生物に対する本能的好奇心を植物に対して花開かせた彼の生涯をよく表現している。

一方で、大学との確執や人間ドラマばかりが注目され、取り上げられることが多かったのも事実である。植物学者として何を成した人物なのか、という研究者としての業績を、正確な情報と数値でもって紹介したものは意外にない。

牧野富太郎の紹介文に必ずといっていいほどつけられる「世界的植物学者」や「日本の植物学の父」などという言葉は、適切なのだろうか。四〇万点もの標本を本当に採集したのか。実際に一五〇〇種の植物を命名したのだろうか。

すでに述べたように、本書では、他書が扱ってきたような人間ドラマは扱うつもりはない。牧野の研究とは関係がないからである。本書では、牧野富太郎が植物学者としてどのようなことをし、それらがどのような意味を持ち、そして現在につながっているのかを見ていきたい。

分類学のはじまり

ところで、日本の植物をはじめて世界に紹介した人物は誰だろうか。

それはおそらく想像より幾分(いくぶん)か昔のことで、一七〇〇年代の初めまで遡(さかのぼ)る。エンゲルベルト・ケンペル。初めて日本の植物を図解入りで世界に紹介したのは、ドイツ生まれの医者で博物学者だった。ケンペルは医学を学んだのちにスウェーデンのウプサラ大学で博物学を学んだ。スウェーデン使節団の書記官、オランダ東インド会社の医官を経験したのち来日し、長崎の出島でオランダ商館の医師として勤務した。

彼の著書『アモエニタトゥム・エクソティカルム』には、トベラ、カヤ、ヤブツバキ、イチョウなど日本でよく目にし、一般的によく知られた植物が、ときには花の分解図、果実や茎(くき)の断面や地下部の根などを周辺に配置した、当時としてはある程度精密な銅版画による図解とともに紹介されている。

これが、日本の植物をはじめて図解入りで紹介した書になる。日本では『廻国奇観(かいこくきかん)』と呼ばれるが、誰がそう訳したかはわかっていない。ちなみに、『廻国奇観』を牧野富太郎は『海外奇聞』と訳した。『アモエニトゥム・エクソティカルム』が出版されたのは、日本では正徳二年（一七一二）、いまから三一〇年ほど前のことである。

カラマツの学名ラリックス・ケンペリイ、ショウガの仲間であるケンペリア、つまり薬草のバンウコンの学名はケンペルに由来する。ケンペルが、博物学の研鑽を積んだウプサラ大学は、スウェーデンの首都ストックホルムの北、ウプサラにある一四七七年に創立された北欧最古の大学である。

天文学のアンデルス・オングストローム、海流の物理学的な理論研究で名高いヴァン・ヴァルフリート・エクマンもこの大学の出身者である。原子や分子の大きさ、可視光線の波長などごく小さな長さの単位としてかつて用いられたオングストローム（〇・一ナノメートル）は、アンデルス・オングストロームの名前に由来する。物理化学の創設者の一人スヴァンテ・アウグスト・アレニウス、タンパク質の電気泳動法を確立したウィルヘルム・ティセリウスなど多数のノーベル賞受賞者も輩出している。

ここにかつて、植物分類学の分野で偉大な業績を残した学者が教鞭を執っていた。カール・フォン・リンネである。彼こそが「分類学の父」と呼ばれる人物である。私たちが、現在でも使っている属名と種小名の二つからなる学名は、これに勝るものはないシステマティックな方式で、名前だけでその類縁関係を表すことができる。この「二名法」と呼ばれる学名を提唱したのが、リンネだった。

植物学と分類学

人間にとって、身の回りの生物を「見分ける」ことや、身の回りの生物に起こる「現象」を理解することは、生きていくために必要なことである。そして、これは、おそらくすべての生き物にいえる。

スーパーマーケットで、当たり前のように名前がついて並んでいる野菜や果物、パックされたエディブルフラワーやハーブ類が、分類学を起点として、これまでのさまざまな研究の上に存在していることは、日常あまり意識されていないだろう。

それぞれの野菜、つまり植物がきちんと分類され、安全な栽培方法で栽培され、衛生的なプロセスで出荷される。これらは、自然科学とその応用学である農学の研究とによって成立している。中でも、名前をつけるということは、物事を整理し体系的に理解しようとする行為であり、自然科学の最も根底にあって、基盤となる行為だ。

人間が、最初に植物に求めた裨益はおそらく、腹を満たしてくれる食糧、そして、傷を癒してくれる薬草であったと考えるのが自然である。農耕文明は、植物を栽培化し、日々の食糧の獲得を運に任せることのない文化を発展させた。野生採取であった時代は、森で食べることができる果実を見つけると、それを再び見つけて採取するために、初めは場所を覚えていればいいわけである。

しかし、さらに同じ植物を探してもっと多くの果実を得ようとする。また、それがいつしか枯死してしまったときのために、別の個体も見つけておきたいと思う。こうして、目の前にある果実が、以前食べたのと同じ植物のものかどうかを物を見分ける「自然眼」を身につける必要が生じるのである。このとき、「かたち」が類似している有毒な植物を間違えて採取し、食してしまったことも多々あっただろうことが容易に想像できる。

現に、現代社会においても、山野に分け入って山菜を採取する際、有毒な植物と間違えて中毒する事例があとを絶たない。中毒するだけではなく、ときに命を落とす。園芸植物としてよく栽培されるイヌサフランは、全体にコルヒチンというアルカロイドを含む猛毒を持つが、葉や球根がギョウジャニンニクと非常によく似ているため、間違えて食し、死に至る場合もある。

したがって、植物の種類を確実に識別する眼が命を救うこともあっただろう。正しく生物の「かたち」を認識し、生物の種類を見分けられることは、元来生死に関わる、生きるために必要な能力だったといってよい。

森の中の植物のどれが食べることができて、どれが有毒で食べられないか、その知識はおそらく多くの先人たちの犠牲の上に成立してきた。さらには、その植物がどのような性質を持っているのか。山野で野生採取をするのとは異なり、植物を栽培化しようとしたときには、特にその性質をよく知ることが必要となる。

私たち人間は、役立つ植物を見つけるため、つまり生きていくために、周囲にはどんな植物が生えていて、どんな性質を持っているのか、その情報を集めて生活に活かしてきた。そう考えると草花に興味を持つこと自体が、ある種の本能的な好奇心と捉えられよう。

生物は静的に進化し続けている。一方で、私たちが目にしている自然は、いまこのときの姿でしかない。植物分類学は、植物がたどってきた進化の道筋を明らかにし、現時点で人間が目の当たりにしている植物のまとまり(実体)を、系統的に正しく理解するための最善のシステムを構築する試みといえる。

分類学では、自然界に不連続に存在する、ある一定のまとまりを「種」という「分類群(タクソン)」として認識するのである。客観的に境界線を引いた単位である種が、自然界の真理に限りなく近いことが望ましいわけであり、それを追究することが分類学である。

しかし、学名をつけるという分類学の基礎的行為は、また、実用学に直結していることも意識されなければならないだろう。「かたち」で認識され、名前がついたその植物が今度はどのような生き方をしているのか、その植物が持つ生命現象を理解しようとする好奇心が、やがて、さまざまな植物学の分野に発展する。そして、それらすべての研究成果を、自然界に存在する植物の実体の理解にフィードバックするのもまた分類学である。

植物学は分類学に始まり分類学に終わる。そして、「かたち」で認識される一定のまとまりには、名前が不可欠であり、それを学名という世界共通の呼び名で呼んでいる。

学名とは何か

学名というのは、その生物に与えられた世界共通の学術上の名前であるが、自然科学が、科学として認識する以前に、人間がその植物なり動物に、ある名前を与えて呼んでいることは驚くことではない。

繰り返しになるが、食べられる実をつける樹木や、怪我(けが)をしたときに葉を潰して塗る薬草など、地域の人にとって役に立つ植物には、本能的にその「かたち」を見分け、対象となる植物が多くなれば、それぞれに名前をつけて理解する必要があったに違いないからである。無意識的あるいは意識的に、人の身の回りの自然物を理解しようとするとき、すでにそれは分類学的な行為を行っているということである。

分類学は、自然を理解しようとするときに真っ先に行う、名前をつけ、その情報を人間同士のコミュニケーションで共有したり、管理・維持したりするという、極めて基底にある行為を学術的に発展させたものと捉えることもできよう。

そして、一定数以上の植物を体系的に整理する必要が生じると、そこにはルールが必要になる。カール・フォン・リンネが編み出した、その植物が何の仲間で、誰が名づけたかを一目瞭然で理解できる、あまりに美しく明解なネーミング法。それこそが、二七〇年が経過した今でも学名に用いられている二名法であった。

リンネが二名法を提唱したのは、彼が一七五三年に出した『植物の種（スペキエス・プランタルム）』という書物の中であり、現在の植物学では、これがすべての植物の学名の出発点とされている。しかし、学名を二語で表記したのはリンネが最初ではない。スイスの植物学者ガスパール・ボーアンの『植物対照図表』でも、略して二語で表記しているものがあり、リンネはこの書に強く影響されたと考えられている。

例えば、私たち日本人に馴染み深く、庭木としてもよく植えられるヤブツバキは、リンネが学名をつけた植物である。カメリア・ヤポニカ・リンネ。カメリアは、ツバキ属を意味する。そしてツバキ属は、ツバキ科という科に属しているので、この先頭の一語でこの植物が何科のどの属の植物なのかを知ることができる。

次の「ヤポニカ」は、「日本産の」を意味するラテン語であるので、ここまでで「日本産のツバキ属」ということになる。リンネの提唱した学名表記は、属とそれを形容する形容語の二語のラテン語から構成される。最後にその学名をつけた人物名がつくため、一見すると三語で構成されているように見えるが、分類学的に基幹となる用語は、属名と形容語であるから、これを二名法と呼ぶ。

学名を最後につけた人物の名前は「命名者名」とは呼ばない。これも案外知られていない。では、何と呼ぶのか。「オーサーネーム」という。オーサーは、「著者」であるから、つまり「著者名」である。ではなぜ学名をつけた人物の名前を著者名と呼ぶのだろうか。それはあとで述べたい。

ちなみに、カメリアの語源は、チェコの宣教師で博物学者のゲオルク・ヨゼフ・カメルの名前に由来している。リンネは、カメルが持ち帰ったヤブツバキを、ケンペルが著書の中で紹介した図を参考に命名した。カメリアは属名、ヤポニカは種の特徴を表しているので「種形容語（スペシフィック・エピセット）（種小名）」という。エピセットは形容語句であるので、植物学では種名とは呼ばない。では、何を形容しているのかというと、種の特徴を表し、属名を修飾している。

寿司に添えられるガリ、つまりショウガの学名は、ジンギベル・オフィキナレである。ジンギベルは、「ショウガ属」という名詞（属は名詞なので、性がある）、オフィキナレは、「薬用になる」という形容語なので、「薬用になるショウガ属の植物」というのが、ショウガの学名ということになる。

二名法のしくみ

学名の仕組みを説明するのに、わかりやすいように人の名前、つまり姓と名で説明しようとする場面を見かけることがある。しかし、これは大きな間違いである。

難しいと思われる事柄をわかりやすいように喩え（たと）を出して説明することはよいが、喩えたもののせいで、かえって真の理解を妨（さまた）げてしまう場合もある。学名と姓名はそんな一例ではないかと思う。

では、なぜ間違っているのだろうか。人間の苗字と名前は、家族を単位とする。それまで縁もゆかりもなかった男女が結婚する。すると苗字は配偶者と同じになることが多い。これはリンネの考えた類縁関係でのまとまりとしての学名と、まったく異なる性質であることがわかる。

学名には「ランク（階級）」がある。ドクダミは、コショウ目・ドクダミ科・ドクダミ属の下のドクダミという種である。このときの「目」「科」「属」「種」で示される階層がランクであり、属は種よりも上位のランクである。また、トウキは、セリ目・セリ科・シシウド属のトウキという種であるが、種以下のランクとして、亜種のミヤマトウキ、変種のホッカイトウキ、品種のツクバトウキがある。このように和名だけでは、類縁関係もランクもわからない。この辺も一目瞭然なのが学名の優れたところである。

類縁関係のある種がまとまって、属というその上のランクのまとまりになり、お互い近縁な属のまとまりがファミリー、つまり分類のランクでいう科となる。一方、種の下のランクは、主に亜種、変種、品種などがある。私たち人間の主食になっているイネ、コムギ、トウモロコシは、すべて属は異なるが同じイネ科である。学名を苗字・名前で喩えようとすると、必然的に苗字が属、名前が種小名になる。

「牧野富太郎」という名前で考えてみよう。人の名前だと苗字がファミリーを示すので、分類ランクの科と紛らわしい。牧野富太郎は、牧野というファミリーの富太郎という「個人（生物なら個体）」なのであるが、そうすると属の出る幕がない。

そして、決定的なのは、牧野富太郎という人物は、一人しかいないということである。人の名前は、個人個人につけられているが、生物の学名はその種類のまとまりに対してつけられている。そもそも次元も仕組みも異なる。では、まとまりをどのように命名するべきであろうか。これもあとで詳しく述べる。

いずれにしても、生涯を通じて日本の植物を調べた植物分類学者としての牧野富太郎を理解する上では、リンネの提唱した学名の二名法の真の理解は避けて通れない。

フロラとモノグラフ

自分の住んでいる町、瀬戸内海に浮かぶ島、北海道、日本、アジアなど、狭い範囲から大きな地域まで、その線引きした場所に生えている植物の構成要素を、「植物相（フロラ）」という。

校庭のフロラといえば、その校庭に生えているすべての植物のことである。それをたとえば、『校庭の植物』という出版物にしたとする。その本もまた、「フロラ（植物誌）」と呼ぶことができる。フロラという言葉は、その地域の「植物相」という意味と、それを出版物としてまとめた「植物誌」という二つの意味で使われる。

一方で、生物に国境はない。地域に関係なく、特定の植物の種類、例えば、ツユクサ科という科であったり、イネ科のイネ属という属であったり、それより小さなまとまりの場合もあるが、そういう植物の種類を研究し、どこにどんな種があって、そのグループが何種から構成され、お互いどのような類縁関係にある、などということをまとめる研究を「モノグラフ（種属誌）」という。

植物分類学には大きく分けてこのフロラとモノグラフがある。そして、それらに使われる学名が、ルールに従って常に正しく適用されているかに目を光らせ、間違いがあれば訂正し、すべての植物に対して学名の正しい適用を維持することもまた、分類学の大切な役目である。食用植物の学名が、誤って有毒植物に適用されてしまったらどうなるかを考えれば、その重要性は容易に理解できる。

牧野富太郎はまず、自分の故郷である土佐の植物を調べ上げ、『土佐植物目録』（高知県立牧野植物園牧野文庫所蔵）をつくろうとした。当時の土佐では入手できる情報、海外の文献や顕微鏡など、必要な物品の入手にも自ずと制約があっただろう。地方と都心の格差は一五〇年以上前にはことさら大きかったに違いない。しかも、この時代は、日本全国のフロラも一時的に滞在していた外国人によって研究されていたに過ぎなかったため、まだまだ未解明だった。

土佐は日本の一部であり、国全体のフロラがわかっていないうちに土佐のフロラの全容をまとめようとしても限界があっただろう。全体がわかっていない段階では、部分はわからない。当然、山野で見る植物を調べても既知のどの植物に当てはまるかわからないものが多かったに違いない。

日本にはそれまで主として植物を薬草として見る本草(ほんぞう)学の文献がほとんどで、土佐山間で採集した標本を調べる文献にも限りがあった。しかし、この『土佐植物目録』こそ、牧野の植物一色の研究人生において、すべての原点と見ることができる。

フロラ研究の先駆者たち

日本にどんな植物があるのか。これを調べるのが、日本のフロラ研究である。つまり、牧野富太郎はフロラの学者であり、モノグラフの専門家ではなかった。

牧野が日本の植物を研究し、数多くの植物に学名をつけたことはよく知られている。図鑑を見れば、最後に「マキノ」とついている学名がたくさんある。では、誰もが知っている植物で、いまでも牧野がつけた学名が使われている日本の植物には何があるのか。この質問は、いままで筆者が数多く受けてきた質問であり、しかしながら最も答えに困る質問でもあった。

そんなにたくさんの学名をつけた牧野富太郎なら、この質問に困ることはないのではないか、誰もがそう思うに違いない。しかし、困るのである。誰もが知っている植物で牧野が命名したものが意外に見つからないからである。

おそらく質問している人にしてみれば、誰もが知っている植物とは、アジサイとかツバキやサザンカ、クスノキとかケヤキやキリ、といったものであろう。しかし、いずれも牧野の命名ではない。このことは何を意味しているのだろうか。

次章で述べるように、日本では、本草学から植物学への発展が、西欧よりかなり遅かった。日本のフロラを最初に研究したのは日本人ではなく、当時すでに植物学や分類学が発達していた西欧の学者であった。

初めて行うフロラ調査では、当然のことながら目についた植物から研究がなされるであろう。目につくものとはよく目にする植物、すなわち日本人の誰もが知っている植物ということになる。

学名は、科学の領域での名前であり、科学的に研究される前からその土地の人には知られている名前、つまり名前があるものも多くあった。特に、昔から何らかの用途に使われている有用な植物ほど、学名が与えられる前からその土地の人は利用していただろうし、すでに名前があるのが普通である。つまり、現地名である。日本の場合、これを「和名」というが、いわゆるローカルネームである。

それでは、日本のフロラを最初に研究して、日本の植物誌を出版したのは、誰なのだろうか。いままで授業で同じ質問を学生にしたとき、返ってきた答えで最も多かったのは、シーボルトだった。

確かに、シーボルトは、愛人の名前を自らが命名したアジサイの学名につけたり、当時の日本地図を持ち出そうとして国外退去になったり、エピソードに事欠くことはなく、シーボルトに関する多くの書も出版されているから、知名度が高いのである。しかし、『日本植物誌』と呼ばれるものを最初に世に送り出したのはシーボルトではない。

カール・ペーテル・ツュンベルク、またしてもオランダ商館の医師として長崎出島に赴任したスウェーデンの植物学者だった。ウプサラ大学時代の師であるリンネが、学名の二名法を確立してから約三〇年後の一七八四年、ツュンベルクは『日本植物誌(フロラ・ヤポニカ)』を世に送り出す。

日本の植物への命名

ツュンベルクの植物誌には、当時の日本の植物約八〇〇種が掲載されたが、そのうちの約半数はまだ科学的に知られていない種、つまり新種であった。当時の日本産の植物はほとんど学名がなかったことになる。

ツュンベルクは『日本植物誌』の中で、日本を代表するさまざまな植物を命名した。アジサイ、ツバキ、サザンカ、クスノキ、ケヤキ、キリ……。先に挙げた誰もがその名を知る植物の中で、ツバキ、クスノキは、すでにリンネがケンペルの書を参考に命名していたが、そのほかのアジサイ、サザンカ、ケヤキ、キリは、すべてツュンベルクが命名したものである。

しかし、時代はまだ一七〇〇年代であり、当初、彼はケヤキをツナソの仲間、アジサイはガマズミの仲間、キリはノウゼンカズラの仲間、そしてビワはカリンの類(たぐい)であると考えた。したがって、それぞれをその属に属するものとして扱った。ツナソ属とは、モロヘイヤが属している属である。つまり、ツュンベルクはケヤキをモロヘイヤと同じグループと思ったわけである。

アジサイは、ガマズミとは科のランクから異なるが、ガマズミの仲間と勘違いしたツュンベルクは、『日本植物誌』でアジサイをガマズミ属の植物として扱った。そんなツュンベルクの間違いをのちに正したのは、フランスの植物学者シャルル・セランジュだった。

このようにある植物につけられた学名は普遍のものではない。学名というものは、分類の研究が進むにつれて変化していく。それは、リンネの考案した学名のシステムでは、名前が類縁関係を反映しているゆえのことでもある。

なお、「分類学（タクソノミー）」という言葉を最初に使ったのは、スイスの植物学者オーギュスタン・ピラミュ・ド・カンドルであった。一八一三年に著書『植物学の基礎理論』の中で使ったのが初めと考えられている。西洋では、本草学から植物学へ、そして一九世紀初頭には、分類学という言葉がすでに登場していたということになる。

第二章　本草学から植物学へ

それは薬草からはじまった

牧野富太郎の活動を真に理解するためにも、薬草学から植物学への流れについて、時を巻き戻して見ておくことにしたい。

かつての植物学は医学の一部であり、薬草学だった。対象となる植物は、薬草が主たるものであり、薬のもとになる自然物の一つという見方が主流であった。つまり、「本草学」である。本草学は、薬のもと（本）になる植物（草）と書くように、植物が多いものの、薬になる天然物全般（動物、植物、鉱物）を研究対象とする学問であった。

薬草は昔から、食料としての需要と並ぶ、植物に対する人間の最大の関心ごとであった。「薬草学の父」と呼ばれ、『薬物誌』を著した古代ギリシャのペダニウス・ディオスコリデスは、古代ローマにあってすでに一〇〇〇種類近い自然の生薬を取り上げていた。

　やがて、ドイツのレオンハルト・フックスは、このディオスコリデスの『薬物誌』の植物がドイツの植物のどれに当たるのかを調べ『デ・ヒストリア・スティルピウム・コンメンタリイ・インシグネス』という書を著した。「植物の歴史に関する注目すべき解説書」というような意味である。

レオンハルト・フックスの名に、じつは私たちは知らず知らずのうちに接している。園芸店で季節になると必ずといっていいほど店頭に並んでいるのを目にするフクシアは、彼の名前に因んで後年学名がつけられた。こうして考えれば、思いの外、私たちの生活の中に、植物分類学者の功績をみてとることができる。

フックスは、野外観察と調査に基づいて薬草以外のドイツの植物も調べた。正確な植物の図解とともに、それぞれの植物の解説を付している点は、のちのさまざまな植物誌、植物図譜などのスタイルの元祖ともいえる。一五四二年、日本は室町時代のことである。

イタリアのトスカーナのアンドレア・チェザルピーノは、植物を薬としての用途やアルファベット順ではなく、花、果実や種子、つまり生殖器官などで分類した。これは当時としては画期的なことであり、それゆえにチェザルピーノは、植物分類学の先駆者といってもよい。彼の名前は、マメ科のジャケツイバラの学名、カエサルピニア（チェザルピニアのラテン語読み）として、いまも残る。

そのような流れの中、スイスのガスパール・ボーアンが、その後の植物学に多大な影響を与えることになる著作を世に出す。『ピナックス・テアトリ・ボタニキ』、つまり『植物対照図表』である。これは、それまでの本草学で用いられてきた植物名を、それらの実体を見極めることにより、同じ植物を示している複数の名前、異なる植物を示している同じ名前などという整理を行って比較対照の一覧にしたものだ。

掲載の配列は用途別が主だったが、まさに分類学の幕開けに近い植物学史の上で、とても重要な書であったし、のちに学名を体系づけたリンネにも多大な影響を与えた。ボーアンが『植物対照図表』を世に送り出したのは一六二三年、日本では徳川家光が三代将軍になった年であった。

植物学の幕開け

植物学では、本草学のように植物を薬草としてではなく、その植物そのものを研究する。どういうことだろうか。早春、庭先の花壇に種子をまく。やがて、種子は発芽し双葉が出る。とすれば、それは双子葉植物であり、トウモロコシの種子をまけば双葉ではなく、一つ葉(単葉)が出る。

私たちはすでに成長の初期に双葉が出るものと、単葉が出るものがあることを知っている。一六〇〇年代に活躍したイングランドの博物学者ジョン・レイは、植物の芽生えに双葉と単葉があること、つまり、双子葉類と単子葉類があることに最初に気づいた学者だった。このような観察眼は、本草学ならぬ植物学のものである。

このように植物学は、古代ギリシャの薬草への関心を種子(たね)として、近代になってからのヨーロッパで、植物そのものを研究するに至った。一方、本草学から植物学への変遷は、それよりかなり遅れながら、日本でもまた同じ流れをたどったのである。

日本の本草学は奈良時代に中国から伝播した。江戸時代の段階では、中国から渡来した『本草綱目』という書をもとにした議論が中心だったが、宝永六年（一七〇九）に貝原益軒という本草学者が著した『大和本草』に至ってそこから脱却した。

『本草綱目』には当然、中国大陸の薬用植物が掲載されているわけであるが、日本の植物は中国大陸が起源ではあるものの、日本独自の種がたくさんある。つまり、中国の植物と日本の植物は同じではなく、中国になくて日本にあるものも多く、またその逆も然りである。

しかし、どれが日本にあって、どれが日本にはないのか、という知見は、日本にある植物を調べてみないとわからない。当時の本草学は、その点、日本の植物を調べようとしたわけではなく、中国の『本草綱目』に掲載されているものを日本の植物に該当させ、それらに和名を与えるなどといった、あまり科学的ではない学問だったといえる。

それを貝原益軒は、自らの足で植物を調べて観察を行った。薬草以外にも一般的に目にする植物まで掲載した。それまで薬草しか扱われていなかったことからすれば、画期的な書である。しかし、それはドイツのフックスが、ディオスコリデスの『薬物誌』を元に、ドイツのどれに当たるか、また当たらないものがあるかを調べた書を世に出してから、じつに一六七年後のことだった。

その後、シーボルトをして「日本のリンネ」と言わしめた本草学者・小野蘭山（らんざん）は、『本草綱目』をもとにして、日本の植物についての視点を入れて解説した『本草綱目啓蒙』を著す。また、小野蘭山から教えを受けた飯沼慾斎（いいぬまよくさい）は、宇田川玄信（げんしん）の門下として蘭学を学んだ。

飯沼の『草木図説』は、我が国で初めてリンネの分類体系に基づいた図説であり、植物の観察に基づいた正確な図と記載は、国内外で高く評価された。出版されたのは、草部二〇巻だけだったが、それらは日本における本草学から植物学へ、という潮流の香りを漂（ただよ）わせるものだった。

なお、日本で最も古い植物園として知られている小石川植物園（正式には東京大学大学院理学系研究科附属植物園）もまた、江戸幕府が設置した小石川御薬園と小石川養生所を母体とする。小石川植物園と称するようになるのは明治八年（一八七五）からで、明治一〇年に東京大学が設立されるとともに、大学附属の施設となった。薬園から植物園への変遷は、薬草学から植物学への歴史と軌を一にしている。

植物学の日本への紹介者

長崎出島のオランダ商館医として文政六年（一八二三）に来日したドイツ人、フィリップ・フランツ・フォン・シーボルトは私塾の鳴滝(なるたき)塾を開設し、西洋医学、蘭学の教育を行った。その塾生の一人に博物学者・伊藤圭介がいた。

伊藤は、シーボルトからツュンベルクの『日本植物誌』を恵与され、文政一二年（一八二九）に『泰西本草名疏』を出版。『日本植物誌』の植物の学名に和名を対応させ、リンネの雄蕊(おしべ)と雌蕊(めしべ)の数による分類体系を日本に紹介した。これによって、先の飯沼の『草目図説』の作成が可能となったのである。

明治に入って、日本で初めて理学博士号を取得したのも伊藤だった。当時、日本語の対訳がなかった雄蕊や雌蕊のほか、花粉などの用語をつくったことでも知られる。つまり、ここに至って本草学から脱却し、やっと植物学の幕開けが見えてきたわけである。なお、令和五年（二〇二三）は、シーボルト来日二〇〇周年という節目の年にあたる。

もう一人、西洋で発達した植物学を日本へ紹介した人物を忘れることはできない。津山藩の藩医で蘭学者の宇田川榕菴(ようあん)である。文政五年（一八二二）、西洋植物入門書『西説菩多尼訶経(ぼたにかきょう)』（経文形式）を出版し、その中で花柱(かちゅう)、柱頭(ちゅうとう)などの用語をつくった。

宇田川榕菴は、江戸でシーボルトとよく交流した。シーボルトは、榕菴から標本を贈られ、上質であったと述べている。そのシーボルトは、榕菴にドイツの植物学者で医師のクルト・シュプレンゲルの『植物学入門』を贈った。これをもとにして天保四年（一八三三）

に出版されたのが、『植学啓原』である。榕菴は、ここで植物学と本草学をはっきりと分けて示した。

『植学啓原』では、「ボタニー」を「植学」と訳している。一八五八年に李善蘭（りぜんらん）の『植物学』という漢書が「植物学」という用語をボタニーの訳語に用いた最初の図書である。これは、イギリスの植物学者ジョン・リンドレーの『エレメンツ・オブ・ボタニー』の漢訳本であった。日本では、慶応三年（一八六七）、足利藩校求道館によって『翻刻植物学』として翻刻刊行された。植学から現在の植物学へと変わるきっかけになる、日本の植物学の起点となる重要な資料である。

シーボルトと日本の植物

シーボルトは、植物学者というより博物学者であり、日本の植物をはじめとして、あらゆるジャンルに興味をもっていた。オランダの首都アムステルダムの南西三五キロほどに位置する学園都市ライデンには、シーボルトが五年間住んでいた邸宅がシーボルトハウスという博物館となって公開されている。

そこには、滞在中にシーボルトが収集した当時の日本のあらゆる日用品や民芸品などが陳列されており、シーボルトのコレクションの幅広さを実感できる。そもそもオランダ政府による出島への派遣の命令の一つが、日本に関するあらゆる情報を集めることであった。鎖国をしてきた国の実態はベールに包まれている。好奇心も大いに湧いたのだろう。

そんなシーボルトは、植物の研究に関しては共同研究者とともに行った。ドイツのミュンヘン大学のヨーゼフ・ゲアハルト・ツッカリーニである。ツッカリーニは、シーボルトとともに日本のフロラを研究し、共著で『日本植物誌』を出版する。この中で多数の新種を記載した。

日本の植物の学名の著者名が、「シーボルト&ツッカリーニ」になっているものが多いのはこのためである。シーボルト&ツッカリーニという著者名がつく学名、つまり、彼らがこの『日本植物誌』の中で記載発表した植物で、わたしたちに馴染み深いものには、ヒノキ、アカマツ、ウメ、モミ、シキミなどがある。

なぜ牧野富太郎が命名、発表した植物で、植物に詳しくない誰もが知る植物が思い当たらないのか。それは、日本のフロラの初期の研究がこのように西洋の研究者によって行われていたことを知れば理解できるだろう。

ツュンベルクの『日本植物誌』が世に出たのは、牧野富太郎が土佐の地に生を授かる文久二年(一八六二)の、じつに約八〇年も前のことであり、シーボルトとツッカリーニによる『日本植物誌』が全巻発行されたのは、牧野富太郎八歳のときであった。

つまり、明治に入ってからの日本人は、この西洋の研究者たちがいわば「見落としていた」、「調査しきれなかった」植物を、自らの足で全国を行脚し、探し出しては学名をつけることで、日本のフロラの解明の精度を上げていったということである。それは、牧野富太郎が最初に学名をつけた植物が、ほとんどの人は知らない、そして小さくて目立たないヤマトグサという植物だったことがよく表している。

エイサ・グレイの研究

日本でもようやく、本草学からの脱却と植物学の幕開けの機運が高まっていたころ、すでに欧米の研究者は、ツュンベルクの『日本植物誌』などを参考に、日本のフロラの特徴を他の地域との比較の観点から調べようとしていた。

そして、ツュンベルクの『日本植物誌』を見たハーバード大学のエイサ・グレイは、あまりにも北米の植物と日本の植物が似ていることに気づく。広い太平洋を隔(へだ)てたアジアと北米大陸でなぜ似た植物が存在するのか。その答えはあとで述べよう。

嘉永六年(一八五三)、マシュー・ペリーが率いる黒船艦隊が浦賀に来航した。江戸幕府に開国を迫り、日米和親条約を締結するに至る。これに引き続いて、イギリスやロシアとも条約を締結し、二〇〇年以上にわたり続いていた鎖国に終止符が打たれた。しかし、このペリー艦隊の目的の一つが、生物標本の採集であったことを知る人は少ない。その中で、植物標本の収集に貢献したのは、ジェームズ・モローとサミュエル・ウェルズ・ウィリアムズだった。ジェームズ・モローの名は、カヤツリグサ科のカンスゲの学名、カレックス・モロウィイに見ることができる。また、ウィリアムズの名は、彼が静岡県の下田で採集した標本をもとに新種とされたシロバナハンショウヅルの学名、クレマチス・ウィリアムジィイとしていまに残る。

彼らが採集した標本は、ハーバード大学のエイサ・グレイに送られ、分類の研究がされた。一方、アメリカの北太平洋調査隊に参加していた植物学者チャールズ・ライトは、日本が開国したこともあり、小笠原、沖縄などから、中国、カムチャッカまでの植物標本の採集を行った。これらの標本を検討したのもグレイだった。その結果、エンレイソウ属、カタクリ属、ザゼンソウ属など類似する種類が明らかとなった。

グレイは、ライトが採集した標本などを元に比較研究を行い、日本と北米の植物についての論文を発表した。これは、日本のフロラと北米のそれが類似していることを報じた最初の論文であり、日本のフロラが他の地域との比較の観点で議論された記念すべきものだった。

日本だけではなく、東アジアの植物と北米大陸の植物が似ていることの理由は、グレイの研究を発端として、それ以降さまざまな研究者により研究された。植物の分布は、気候に大きく左右される。過去に地球は、極地方が寒冷になる氷河期と、氷河が溶けて温暖になる間氷期を繰り返してきた。そして温暖な間氷期には、植物はかなり極周辺まで分布域を広げられた。

しかし、氷河期が到来すると、寒くなった極周辺から植物は南へ南へと逃げるように退いていく。つまり、東アジアと北米大陸とで似ている植物の祖先は、間氷期に極地方の周辺に分布していたが、氷河期になって南下する際、東アジアと北米大陸とにそれぞれ分かれて下りてきたのである。

そして、東アジアと北米とでお互い離れて独自に分化が起きたことにより、それぞれ特有の植物に分化している。お互い似ているものの異なる種や変種になっているということである。これを「東アジア—北米隔離分布」と呼ぶ。

ともあれ、グレイの論文が発表されたのは一八五九年。この三年後に牧野富太郎がこの世に生を享（う）けることとなる。

牧野が生まれた時代

文久二年（一八六二）四月二四日、土佐佐川村（現在の高知県佐川町）の商家、岸屋に息子

牧野成太郎が生まれた。六歳のころ、富太郎と改名し、牧野富太郎となる。

佐川町は、酒蔵の町である。高知市から、いの町、日高村を通り、松山街道を西へ進みトンネルを抜けると、右手に「維新の志士田中光顕、植物学者牧野富太郎出身地」という看板が目に飛び込んでくる。

幼少のころに父と母、祖父を亡くした牧野は、金銭的には裕福な一方で孤独な幼少期を送っていた。生家の裏山に金峰神社という神社があり、急峻な石段を上がった境内や、周辺の野山に生える植物を相手にするうちに、植物が好きになったと自著している。

一二歳で佐川の名教館で学ぶが、名教館は学制改革で佐川小学校となり、理由はなく嫌気がさし、自主退学する。のちにその理由について、商家の跡取りということもあって、学問で身を立てようということなどは一向に考えていなかったからだと述べている。牧野富太郎の植物学の知識は、後述する高知師範学校の永沼小一郎の影響によるところが大きいと自ら記している。

牧野が生まれた時代はすでにツュンベルクの『日本植物誌』が半世紀以上前に出版されており、シーボルトの『日本植物誌』は刊行済みで、北米との比較論を展開したエイサ・グレイの論文も世に出ている。一方で、東南アジア島嶼地域の熱帯植物の研究で知られるオランダの植物学者フリードリッヒ・アントン・ヴィルヘルム・ミクェルは、熱帯アジアとの比較の視点に立った日本の亜熱帯要素の植物の研究で業績を挙げていた。

ミクェルは、『ライデン植物標本館紀要』に、「フロラエ・ヤポニカエ」と題するシリーズ論文を発表し、多数の日本産植物に学名をつけた。ミクェルが日本の植物多数に学名をつけたのは、牧野富太郎が生まれて五年ほどしか経っていないころだった。ミクェルをはじめ、多くの海外の研究者たちは、日本の植物の種類は豊富で、多くが日本独自の種類であることに興味を抱いていただろう。

しかし、種子植物の正確な分類は、花を見ないとわからない。果実だけでもかなり核心に迫れるが、場合によっては属までしか解明できない。世の中には、花序（花のついている枝）以外は他種と寸分違わず、まさに花序だけが異なる種も存在する。種子植物にとって、花はアイデンティティをもつ顔であり、顔を見ないとどこの誰かは知る術もない。

したがって、分類学の資料となる標本は、必ず花か果実がついているものでなければならない。これは分類学に関わる研究者の鉄則でもある。しかも、植物の花の咲く時期は、それぞれの植物の種類によって異なる。今も昔もその地域の植物を詳細に調べるのは、一時的に訪れて調査を行う外国人より、現地に住む研究者のほうが遥かに有利である。

この点で、日本のフロラの真の解明は、日本人の手によって研究が始まるとともに一気に進展するに違いない、そういう時代であった。

西洋人による日本の植物の調査

牧野富太郎が生まれたころ、もう一人、忘れてはならない学者が、日本で精力的な標本の収集を行っていた。

カール・ヨハン・マキシモヴィッチ。ロシアのサンクトペテルブルクにある帝立植物標本館、現在のロシア科学アカデミーのコマロフ植物研究所の研究者で、牧野富太郎がのちに師と仰ぐ東アジアの植物分類研究の権威だった。

マキシモヴィッチは、三年間にわたるアムール地方の植物相の調査を行い、その結果を『アムール地方植物誌予報（プリミタエ・フロラエ・アムレンシス）』として出版した。同書はのちに日本を含む東アジア温帯地域の植物の研究に欠かせない基礎文献となった。この一連の研究で、ロシア科学アカデミーで優れた業績を挙げた科学者に贈られるデミドフ賞を授与され、その賞金で日本の植物調査を実施したとされる。

当初は、満州を調査しようと考えていたが、日本が開国したことを知り、一八六〇年から四年間にわたり、日本を調査し多数の標本を採集した。長く鎖国をしていた国は、異国の文化に好奇心旺盛な西欧人にとっては、この上なく魅力的だったに違いない。一八六一年には函館、横浜、翌年には長崎と、牧野が生まれた年は、マキシモヴィッチが盛んに日本で植物調査を行っていたことになる。

函館滞在時、彼は世話係として現在の岩手県出身の須川長之助という男を雇う。マキシモヴィッチの信頼を得た須川は、植物調査の助手、つまり標本のコレクターとしてマキシモヴィッチのために日本全国で標本の収集を行った。マキシモヴィッチもまた、日本産植物の多くに新種として学名をつけた学者だった。マキシモヴィッチが学名をつけた植物には、オニグルミ、イタヤカエデやエンレイソウなどがある。

牧野富太郎が幼少期を過ごした時代は、マキシモヴィッチだけではなく、フランスのサヴァチェをはじめとして、多くの西洋人が植物調査に訪れていた。ある意味日本の植物が盛んに研究されていたが、それは日本人によってではなく、西洋人によってであった。そんな時代に生まれたのが牧野だったといえる。

第三章　日本植物学と東京大学

牧野富太郎の原点

牧野富太郎の生まれ故郷、佐川町の生家のすぐ裏手の金峰神社の石段を上がった境内が、幼い牧野にとって一人、草木との遊び場でもあったと述べた。その境内や佐川の山野に早春、まだ他の植物が目覚める前にいち早く花を咲かせるものに、キンポウゲ科のバイカオウレンがあった。当時は、ゴカヨウオウレンと呼ばれることのほうが多かったかもしれない。梅の花を思わせる白くて可憐（かれん）な花を牧野はことさら好んだ。

バイカオウレンは、生薬のいわゆるオウレン（黄蓮）の仲間で、飯沼慾斎の『草木図説』にも登場するが、学名がついたのは明治に入る直前で、先に紹介したオランダのミクェルによるものである。バイカオウレンは、日本の中部から四国に分布し、台湾でも記録がある。

この佐川での幼少の経験が、目の前にした植物を「これは一体何という植物なのだろうか」という分類の好奇心を芽生えさせたのではないかと想像する。ここに、終始一貫して植物の名前を調べ、ないものは命名し、草木の名前を知ることの楽しさを世に広め、自らを「草木の精」と称した牧野富太郎の原点がある。

牧野は九〇歳になったとき、この時分の自分と同じ年齢くらいの小学生に対して、次のように述べている。

「そのころのわたくしは、おともだちもなく毎日山に行っては、木や草や花をつむのが何より楽しみでした。木や草や花がわたくしのおともだちだったのです」

これは、昭和二六年（一九五一）七月の雑誌『小学二年生』に「わたくしのちいさいころ」と題して書いたものである。また、次の句は、この幼少のころの心境をよく表しているだけではなく、牧野を「植物オタク」へ走らせたきっかけをも示している。

朝夕に　草木を我の友とせば　心寂しき折節もなし

永沼小一郎との出会い

牧野富太郎は、明治四、五年（一八七一、七二）ごろ、寺子屋で書道を習っている。その後、佐川の東、目細谷の伊藤蘭林（徳裕）の蘭林塾に入門し、書道、算術、四書五経の読み方を習った。このころから植物の採集、観察を始めたという。牧野富太郎一〇歳のときである。

一二歳になると名教館内に英語学校が開かれ、牧野はその生徒となる。翌年、学制改革で名教館は佐川小学校となり、そこに入学することになるが、すぐに自主退学する。その後、明治一〇年（一八七七）になると、出身の佐川小学校で授業生という名目の教員を二年間務めた。この年、東京大学が設立される。

明治一二年（一八七九）、兵庫県立病院附属医学校から高知師範学校へ永沼小一郎という教員が異動してくる。永沼は師範学校と県立病院薬局長を兼任していたという。牧野は、永沼小一郎のことを師友とし、「世にも得難き碩学（せきがく）の士」と評した。前述のように、植物の知識は永沼との交流によって得たものが多いと後年回想している。

なお、永沼は明治三〇年（一八九七）には、高知の師範学校を辞して東京へ移るが、明治三四年（一九〇一）の博文館の投書雑誌『中学世界』第四巻に「水葵の受精法」という論説を発表している。上京してからも牧野との交流は続き、のちに牧野が刊行する『植物研究雑誌』に五篇の論文を発表した。いずれも「植物古名考」というシリーズで、古事記や日本書紀、万葉集などに挙げられた植物和名の古名の研究であった。

牧野は、『植物研究雑誌』で永沼小一郎の論考の前に、永沼についての紹介文を掲載して、そこで永沼について詳しく述べている。永沼の写真は、『植物研究雑誌』第一巻のほか、『中学世界』に発表した「水葵の受精法」を再録した第六巻第四号にも掲載されている。

話を戻そう。牧野の研究にかなりの影響を与えた出会いだったに違いない。明治一三年（一八八〇）ごろ、佐川の西村尚貞という医者の家に、小野蘭山（らんざん）の『本草綱目啓蒙』があり、牧野はそれを借りては模写していた。だが、手間が掛かるのと欠本があるかもしれないため、自分で買いたくなり、大阪に注文する。このころは、高知県の中で山地を歩き、植物を記録したりしていた。現在は、デジタルカメラで野外で画像として記録できるが、カメラの普及していなかった当時は、写真の代わりに写生が重要な記録手段であった。

また、同じころ高知県の黒森から峠を越えて石鎚山（いしづちさん）へ登頂する。その行程で、オオナンバンギセルを採集して写生したことが、『植物研究雑誌』に記されている。マキシモヴィッチが学名をつけた、腐生（ふせい）植物（根の菌根菌を介して栄養分を吸収して生活する植物で、葉緑素を持たない）のショウキランもこのとき初めて目にしている。

初めての東京

明治一四年（一八八一）四月、牧野富太郎は、書籍や顕微鏡を入手するため、初めて東京へ旅行をする。この年は、上野公園で第二回内国勧業博覧会も開催されていた。

晩年、八八歳になった牧野は、神戸のへちま倶楽部の雑誌『金曜』の中で、「舊（ふる）い記憶」という回想録で次のように記している（以下、引用文の旧字は適宜新字に改めた）。

「我が佐川村（まだ佐川町とはいわなかった）の町内に多くの人々が集まって、珍しい門出を祝ってくれ、土地での春日神社の神前の下の所で酒宴を張り、無事に帰国を待つと、口々に挨拶をした。そして私等三人はこれらの人々に見送られ、暫（しばら）くしてお無事にお無事にという皆の声をあとにして佐川を離れ、高知を指して出発したが徒歩で七里の道を踏み高知の町に着いた。時は四月であったが日は忘れた。即ちこれが私の国外への初旅で年はちょうど二十歳の時であった」

当時、高知のさらに田舎の佐川から東京へ出るというのは、いかに大ごとであったかがよくわかる。また、東京までの行程は次のように記している。

「高知湾の中程の、孕（はらみ）（地名）の沖にある巣山（すやま）という小島付近に、投錨していた神戸行きの汽船に乗り込んで、三等室の船客となった。（中略）その船の名は浦門丸（ほもんまる）といったように覚えている。この時分は蒸気船といっている時代で外輪船であった。（中略）三宮駅から汽車で京都に向かい、京都に下車して、徒歩で伊勢の鈴鹿峠を過ぎ、四日市に出て、四日市から、和歌浦丸という外輪汽船で、遠州灘を経て横浜につき、同地より汽車で、長途無事に、憧れの花の都、東京に安着して、宿をとった」

同郷人の計らいで下宿をしながら、牧野は勧業博覧会の見物や本屋で書籍を購入したり、顕微鏡を買ったりした。もう一つ、この初めての上京で牧野にとって大きな意味を持つのが、内山下町（現在の千代田区内幸（うちさいわい）町の辺）にあった文部省博物局で、あらかじめ連絡をとっていたとされる博物学者、田中芳男らに会い、『土佐植物目録』の草稿を見せ、自らの学問的興味を話した。

田中芳男は、上野に博物館や動物園を設立し、「日本の博物館の父」と呼ばれる大博物学者である。牧野が持参した『土佐植物目録』を賞め、田舎でしかも独学で、これだけ取りまとめたことに驚歎したと、富太郎の次女鶴代が記している。この『土佐植物目録』こそが、牧野富太郎の日本のフロラ研究の出発点である。

当時の文部省博物局は、第一号館から第八号館までの列品館が並び、そのうちの第三号列品館が植物標本を陳列していた。事務所部分を「博物局」、列品場を「博物館」と呼んでいた。高見澤茂『東京開化繁昌誌』（明治七年、一八七四）に、このころの博覧会の様子が描かれている。

両側の大きなガラス張りの陳列棚には動植物の標本が展示されていた。中には花瓶に入ったものがあり、生きた植物も陳列されていたのかもしれない。その後、小野職愨、小森頼信らに植物園などを案内してもらった。牧野によれば、珍しい植物を売っている植木屋を教えてもらって、植木もいろいろ買ったという。

この上京の折、伊藤圭介の『草木乾腊法』に出会い、購入する。植物の乾燥標本、つまり、平面に広げたまま押して乾燥させ台紙に貼られたものを当時は「乾腊」、あるいは「腊葉」標本と呼んでいた。「『腊』は干し肉のことを意味し、標本は干して乾燥した植物であるから、これを乾腊標本という」と牧野も述べている。やがて「腊葉標本」と呼ばれるようになり、「乾腊標本」は現在ではほとんど用いない。腊は「せき」であるが、しだいに慣用的に「さくよう」と呼ばれるようになった。

伊藤圭介の『草木乾腊法』は、日本で初めて植物標本の作製法を図入りで解説したものである。牧野は、初めて東京に遊びに行ったこのとき、有隣堂で入手した。

植物学への目覚め

牧野富太郎は、蘭林塾で学ぶようになった一〇歳のころから植物の採集を始めたといい、土佐中を歩いて植物のスケッチも残している。

『土佐植物目録』、つまり、郷里の土佐に分布する植物をリスト化した、土佐のフロラをつくるために、当時土佐で入手できた主に本草書と付き合わせて名前を調べ、土佐における植物の記録に励んでいた。しかし、本格的な標本採集に乗り出すのは、最初の上京、つまり明治一四年(一八八一)以降のことである。実際、それ以前に採集したものを私は見たことがない。

四月に上京した牧野は、六月まで滞在する。五月には、上野公園や荒川堤でも標本を採集した。また、千住大橋から日光へと日光街道を徒歩と人力車で向かい、宇都宮で一泊したのち日光で標本を採集した。日光は、東京近郊で植物調査を行う格好の場だった。

東京から土佐への帰路は、船ではなく、東海道を陸路で帰る道を選んだ。横浜まで汽車で行き、あとは徒歩、人力車、乗合馬車で関ヶ原を通り、滋賀県の伊吹山で様々な標本を採集して、初めての東京への旅を終えて郷里の佐川へ帰った。

以降、本格的な標本採集を行うようになるが、それは、初めて上京した際に訪れた博物局の列品館で陳列されていた標本などに少なからず影響されていたと考えるのが自然である。何よりこの上京で、小野職愨の自邸を訪れていろいろな話を聞いたことが、大きかったのだろう。

当時、日本のフロラの解明のためには日本人の手によって一から標本を採集し直すことが求められていた。なぜなら、西洋人によって研究された日本の標本は、すでに標本室(ハーバリウム)が発達した西洋に持ち帰られ、日本には残っていなかったからである。

文部省博物局で面会した田中芳男や小野らから、日本の植物学研究の現状を聞いたと考えられるが、おそらく標本の収集の必要性も実感したに違いない。外国人による断片的な研究では、花が咲いているときに出会う必要がある季節性が高い植物のフロラ研究には限界があり、そのことから現地人である日本人によって進められれば自ずと精度が上がる。

そのためにも、自分たちの研究のための標本を、一から収集する必要があったのである。

幡多郡紀行

初めての花の都への旅行で、さまざまな刺激を受けた牧野は、帰郷した同年の秋、九月九日から一〇月三日まで、約一ヶ月をかけて土佐西部の幡多（はた）郡まで徒歩で植物を記録しながら旅をする。本格的な採集旅行だ。

高知県立牧野植物園の牧野文庫には「幡多郡紀行（原文では幡郡）」と名づけた紀行文と、出合った植物について記録し、自ら「幡多郡採集草木図説解説」と題した和綴じ原稿が残されている。

「九月九日　午時郷家ヲ辞ス　南行里有半ニメ一坂ヲ得之ヲ斗賀野峠ト云　宛転ノ山路ヲ得之ヲ空谷ト云　両山屏列　路其間ニ通ス　四里ニシテ市街ノ間ニ入ル　江湾午位ヨリ曲入シテ東位ニ周ル　之ヲ須崎港トス　乃投宿

十日　海程三里　一葦之ニ抗ス　岸上ヲ久礼浦ト云　其西峻坂アリ　添蚯蚓ト云　東路正ニシテ西夷カ　片坂ト正ニ相反スルナリ　其間地広クシテ高シ　之ヲ南海ノ高台ト称ス

（後略）」

このように、牧野は毎日紀行文をつけた。植物を観察しながら徒歩で行けば、高知から須崎（すさき）までも優に一日はかかったのである。一方、「幡多郡採集草木図説解説」の一〇日の久礼（くれ）の部分を見てみると、久礼川の岸にて見ることができた植物を列記している。

その中には、アカガシ、ミツバアケビ（「果実を採り、図に製す、但し未熟」）、ツルギキョウ（「腊及び生採」）などの記録がある。ミツバアケビは、未熟であったが果実をとって図を描いたということで、ツルギキョウは、腊葉標本と生株を採取したということである。

植物分類学が、フィールドと屋内の標本研究の二本立てであることは昔もいまも変わっていない。その後の牧野は、標本を収集して全国を歩き回るようになるが、この幡多郡の採集旅行が初めての本格的なフィールドワークだったといえる。

矢田部良吉と松村任三

明治に入って一〇年が経ったとき、東京大学が設立され、欧米への留学で植物学を学んだ学者たちが教授陣として配置され教育・研究が開始された。それが日本での近代的な植物学の始まりだった。

フロラ研究の礎（いしずえ）になる標本資料を集めることの重要性を一番よく理解し、そして牧野富太郎よりも前に精力的に全国を歩いたのが、矢田部良吉（やたべりょうきち）だった。米国のコーネル大学に留学して植物学を学んだ矢田部は、東京大学植物学教室の初代教授に就任した。開学当時の理学部では、大森貝塚の発見で名高いエドワード・シルヴェスター・モースなど一五人の教員のうち、じつに一二人が外国人で、日本人は矢田部を含めわずか三人しかいなかっている。

矢田部は、数少ない日本人のエリートであった。植物学実験及講義という講義を受け持っており、その教材は、附属の植物園（小石川植物園）から調達した。薬園を起源とし、かつ生きた植物の材料を提供するという植物園と大学教育の関係は、西洋のそれと類似している。

矢田部良吉と、その助手（のちに助教授）の松村任三（じんぞう）は、明治一〇年（一八七七）から明治一八年（一八八五）までの一〇年もかからないうちに、三〇〇〇種類の標本を全国から収集し、学名を調べて、日本の標本室（ハーバリウム）の基礎を築いた。

当時、西洋人によって研究された日本の植物標本はすべて持ち出され、国内にはまったくなかった。標本がなければ研究はできない。標本の収集が先決であった。矢田部と松村は休日返上で精力的に全国を回り、標本収集に尽力し、なんとか研究の下地をつくろうとしたわけである。

そして、明治一九年（一八八六）に、『帝国大学理科大学植物標品目録』を刊行した。いわゆる標本カタログである。明治一〇年七月から矢田部良吉が行った日光山での標本の採集が、東京大学での標本採集の始まりであった。松村は、それまでは本邦産といえども一点の標本もなかったと述べている。

また、標本は採集するだけでは、資料にならない。採集した植物を台紙と呼ばれる紙に貼付して、その産地や学名などを記入したラベルを伴ってキャビネットに収蔵して初めて標本と呼べる研究資料となる。標品目録には、和名と学名、それを採集した産地が記されている。ミツバアケビの項目では、「秩父　東京　会津　青森　和州春日山　勢州朝熊山」とあり、各地で採集が行われていたことがわかる。

短期間で精力的に全国を回って蒐集（しゅうしゅう）したこれらの標本は、すべて学術的に整理され、かつ松村によって同定されて目録となった。このスピード感には、日本人によって日本産の植物を研究するという意気込みが感じられる。日本のフロラ（植物相）をはじめとする植物学の研究には標本が不可欠であり、矢田部と松村は、まさにその基盤を築いた人物だった。

「日本の植物学の父」は誰か

牧野は、「日本の植物学の父」あるいは「日本の植物分類学の父」などと呼ばれることが多い。「父」とは、その分野を築いた創始者であるから、その分野において、のちに業績をより挙げた人がいようとも、父はそれに取って代わるものではない。

とするならば、「日本の博物学の父」は、紛れもなく田中芳男であり、「日本の植物学の父」と称されるべきなのは、矢田部良吉である。牧野富太郎が東京大学に出入りした際には、それらの標本を資料にして、日本の植物を研究していくお膳立てができていた。

また、松村任三は、『帝国大学理科大学植物標品目録』を刊行したころは助教授で、小石川植物園の初代園長も務めた。明治一七年（一八八四）には『日本植物名彙』を著す。これは西洋人が命名した学名に和名を適用して科ごとにリスト化したものである。明治一九年（一八八六）から約二年間、ドイツのヴュルツブルク大学のユリウス・フォン・ザックスとハイデルベルク大学のエルンスト・プフィッツァーのもとに留学する。ザックスは、植物生理学を確立した学者である。

松村は明治三七年から四五年（一九〇四〜一九一二）にかけて、『帝国植物名鑑』を出版する。フロラ（植物誌）は、その地域のそのときわかっている、すべての植物を種類ごとに記載文とともに、同定のための検索表をつけて出版される。これには多大な労力と時間を要する。

たいていの場合、フロラを完成させる前に、その地域にあると確認された植物のリストを公表することが多い。このリストをチェックリストという。いってみれば、チェックリストはフロラの前奏曲である。松村任三の『帝国植物名鑑』は、やがて日本人によってつくられるべき『日本植物誌』の前の日本産植物のチェックリストということができる。

牧野自身、日本の植物分類学を開拓したのは松村任三であるとし、雑誌『採集と飼育』に寄稿した「若き日の松村任三先生の名文」という随筆の中で次のように述べている。

「先生は日本の植物分類学を開拓せられた大関で大学理学部におけるHerbariumは矢田部先生建設の下に松村先生によって漸次発展せしめられたものである」

コラム1 「植物学の日」は存在しない

「四月二四日は、植物学者牧野富太郎博士の生誕日に当たることから『植物学の日』に制定されています」。そんな記事をよく目にする。

一般社団法人日本記念日協会は、記念日文化の発展を願って、従来からある記念日とともに新たに誕生した記念日、これから制定を目指している記念日などを認定登録する制度を設けている。つまり、制定された記念日は、すべてここで管理されている。

記念日には、食べ物が多い。例えば、「親子丼の日」。親子（〇八五）の語呂合わせで八月五日を関西鶏卵流通協議会が制定したものである。植物に関するものでいえば、「図鑑の日」がある。日本で最初に出版された『植物図鑑』（東京博物学研究会〈代表・村越三千男〉編）の初版が発行された明治四一年（一九〇八）一〇月二二日に因んで福岡市の絵本と図鑑の民間図書館「絵本と図鑑の親子ライブラリー」が制定したものだ。

「図鑑の日」は、「図鑑」が書籍名として初めて使われたことを記念しているのだが、実際、「図鑑」という言葉は、それより前から使われていた。確認されている「図鑑」を使った最初の書物は、明治二四年（一八九一）七月に出版された『工芸図鑑』とされている。

では、「植物学の日」はどうだろう。日本記念日協会には登録されていない。少なくとも牧野富太郎の顕彰施設である練馬区牧野記念庭園や高知県立牧野植物園のホームページなどでは、「植物学の日」を紹介しているのを見たことがない。通常、記念日を制定するのは、人物であればその人物を顕彰する団体や組織であるが、そうではないということなのだろう。

とすれば、誰が「植物学の日」といい出したのだろうか。高知県関連のホームページに出現する割合が高いように思えるが、それだけではない、関東のテレビ局までもが普通に、四月二四日は「植物学の日」に制定されていると伝えている。事実ではないことを平然と伝えているのはよくない。

ことの由来や真相を考えることなく、ただ単に言い伝えることだけでは、牧野富太郎の真の顕彰とはいわない。これだけ広まるからには、行政の力だけではない気がする。マスコミが関わっているのだろうか。「植物学の日」は、現在でも謎のままである。

第四章　標本採集の意義

標本はすべての原点

分類学は、標本をすべての基盤としている。植物標本は、植物を押し潰しながら乾燥させ台紙と呼ぶ少し厚めの洋紙へ貼りつけたものである。植物標本は、乾燥植物を食害するタバコシバンムシなどの害虫の被害に遭わなければ、半永久的に保存することができる。実際、現存する最古の植物標本というのは、イタリアにある約四九〇年前のものである。

この一見何の変哲もない、平面化され、乾燥でパリパリになり台紙に貼り付けられた茶色い植物体は、じつは極めて優れた研究材料である。その変わり果てた姿からは想像もできないほど、その植物が緑色をして瑞々しく野原に生えていたときの情報を、ほぼこの標本から得ることができる。それゆえ、台紙に貼られた植物標本（腊葉標本という）は、これまで、それに取って代わる形の標本が考案されたこともなく、その形状をいまも変えていない。

日本の植物学の創始者である東京大学の矢田部良吉が、真っ先にやったことは、標本の収集であったことは先に述べた通りである。標本は、すべての植物に関する分野の研究材料の証拠となる。それが新種の発表なら、その学名の基準となる標本を示さなければならない。それ以降、その学名で呼ぶことができるのは、その基準となる標本と同一の植物に対してだけである。これはあとで詳しく述べる。

細胞学、遺伝学、解剖学などから有用植物学や民族植物学に至るまで、これらすべての学問分野ではあとから検証を行うため、研究材料を保存しておく必要がある。例えばヤマトレンギョウ（フォルシティア・ヤポニカ・マキノ）から染色体を観察した結果を報告する論文があったとしよう。実験材料にヤマトレンギョウを使ったと書いてあったとしても、使用したその植物が本当にヤマトレンギョウだったのか、学名の文字情報だけでは信じることも、のちに別の研究者が調べることもできない。

牧野富太郎の標本（国立科学博物館所蔵）

再現性がないというのは、科学としては決定的な欠陥である。そこで、染色体を観察した個体を、あとで第三者が同定できるような状態の標本として保存することが必要になる。

一時期世間を騒がせたＳＴＡＰ細胞の騒動に見ることができるように、生命科学のような実験科学では実験の「再現性（リプロダクティビリティー）」こそ、その根幹を成すものである。その検証性は、分類学では標本そのものによる。標本が研究の証拠であり、永続的に保存され、一世紀後でも後世の研究者によって検証ができる。研究に使用した生物そのもの、実物であるからこれ以上の証拠はない。標本は実験科学でいう「再現性」そのものなのである。

しかし、逆にいえば、そのように重要な標本は、相応の管理と保管がなされなければならないし、研究者は、五〇年後、一〇〇年後を見越して、実証十分な形質、データを備えた標本を証拠として残す義務がある。

矢田部の七か条

矢田部良吉は、東京大学の標本室をより充実させようと『植物学雑誌』の第四巻第四五号(明治二三年、一八九〇)に「地方の植物学教員に望む」として、さらに地方の教員やアマチュアの研究家らに各地の標本を採集し、東京大学へ送ってほしい旨の記事を掲載した。

矢田部は、西洋に比して立ち遅れている日本のハーバリウムを充実させて、日本の植物相を明らかにするには、地方の研究家の協力が不可欠であると考えていた。矢田部は明治一七年(一八八四)に土佐からひょっこり現れた牧野富太郎という青年を研究室に歓待した。その理由は、おそらくここにもあったのではないだろうか。

このときすでに、三好学『中等教育植物学教科書』では、標本の作製の方法が論じられていた。矢田部は、それに加えて、極めて重要な標本番号の付け方や情報の取り方について先の記事の中で次のように説いた。これは植物学の標本の採集の方法として極めて重要で、かつ、いまでも常識となっている要素をすべて含んでいるものだった。その矢田部の七か条を現代語訳にして次に挙げてみる。

第一　植物標本を採集する時は、必ず一種につき数本を採り、その中の一、二を大学に送付すること。残すものと送るものとは同じ番号をつけること。残りの二、三あるいは数本を大学に送ること。大学ではその番号に名称をつけて返送するが、標本はこちらに置く。

第二　花の咲く植物の標本は、必ず花及び果実または花あるいは果実がついたものを送ること。小型の草本なら根がついたまま標本にすること。葉がついていることが必要だが葉だけの標本は用をなさない。標本の長さ一尺五寸に至っても差し支えはない。なるべく大きなものがよい。

第三　イネ科やカヤツリグサ科などには目立った花はない。標本にはその穂があるものを選ぶこと。この類は、特に根を併せて採集すること。

第四　シダもなるべくは、茎のみではなく根も併せて標本とすること。この類は花はないが、変形の葉茎に小さい実を結ぶのがあるが、葉の裏面または葉腋に小さい実を結ぶのが普通である。その実があるものを併せて採集すること。トクサ類は、茎の上端に実を結ぶので、注意して採集すること。

第五　苔類、地衣、藻類は花はない。しかし、往々にして顕著な実があるものがある。この類は標本にするのが容易なので、なるべく全体を採集する。

第六　標本をつくるには、萎縮していない新鮮なものを用いて注意して葉が重畳しないようにし、度々押紙を替えて、早めに水分を除去することが肝要である。初めは毎日押紙を替えて、葉が重畳しているものがあれば、まだ乾燥しないうちにこれを伸ばすこと。二、三日経てば毎日押紙を替える必要はない。

第七　標本は必ず採集の年、月、日及び地名を付すこと。それがないものは用をなさない。また、採集の地、森林か、沼沢か、海浜の砂地か乾燥した山腹か、原野か、畦畔（けいはん）か、稲田か、すべてこれらのことを記すこと。また、高山ならば採集したところの海面からの高さを記入すればなおさらよい。

この矢田部の七か条は、まったくいまに通じるものであり、通常は、このようなことに注意して標本を採集する。スミレのような小型の草本や根元の形質が重要な場合などは根掘りという道具を用いて根から掘り上げて標本にする。

フィールドノートと標本作製

標本採集で最も重要なものは、日本語で「野帳（やちょう）」と呼んでいるフィールドノートである。フィールドノートとは、植物調査のとき、野外で標本の採集地や植物の特徴などのデータを書き込むノートのことである。分類学者にとってフィールドノートは、いのちの次に大切なものといえる。

標本には、矢田部がいうように番号を付す。これを採集者（コレクター）番号といい、標本は番号で管理する。標本はいまも昔も新聞紙に挟んでつくる。牧野富太郎の標本で現存するのは、明治一四年（一八八一）のものであるが、このときからすでに新聞紙が使われていたようである。

新聞紙に番号を書き、フィールドノートに同じ番号を書く。「標本は必ず採集の年、月、日及び地名を付すこと。それがないものは用をなさない」と矢田部が書いているように、採集年月日、採集地、採集者を記録する。また、その産地が森林か海岸か、はたまた高山なら標高を記せと矢田部が書いているように、標本にはそれを補う必要な情報が他にもある。

先に標本からは、それが生きていたときの情報をほぼ得ることができると書いたが、「完全に」ではなく、「ほぼ」と書いたのには訳がある。植物標本は完全なものではない。なぜなら新聞紙四つ折りサイズの枠で自然を切り取って見ているからである。

このことや乾燥、圧搾（あっさく）されていることで失われる情報があるのは当然である。その情報を補うのが、多くは標本の右下に貼り付けられている標本ラベルである。標本ラベルには、その標本の採集者にはわかるが、第三者が見たときにわからない情報を書くのがよい。

その一つが、生育環境である。海岸と記録されていれば、その植物は海岸に自生しているもので、種類の特定、つまり同定の一助となる。高山ならなおさらで、標高二〇〇〇メートルに自生している植物はその情報だけである程度は限定できよう。

他に、採集者にしかわからない情報は何だろうか。新聞紙サイズの枠で植物を切り取っているために、小型の草本以外は、全体の大きさは不明である。生きていたときに鮮やかだった花の色も乾燥の過程で変色する。花の香りはどうだろうか。フィールドノートには、第三者が標本を調べる際に、採集者と同じ情報が得られるようにするためのデータを書く。そして、そのフィールドノートのデータを書き写すことで標本ラベルが完成する。

このような詳細な情報を記入した理想に近い標本ラベルを用いるようになったのは、近年になってからのことである。現に、矢田部の標本ラベルにも生育環境などの情報はないものが多い。明治のころの標本ラベルは、ごく簡易なもので、採集地も「武州登戸」、「安房清澄山」、「相州江ノ島」などの精度であった。矢田部が地方教員に求めたのは、単に大学側の同定のためのデータであったと考えられるが、このようにラベルをつくることが現在では求められている。

なお、最近は、私たちはＧＰＳで緯度経度を測定し、それをラベルの採集地情報に加えている。

学名は標本に基づく

すべての学名は、学名の著者が指定した一つの標本を基準としてつけられる。この学名の基準となる標本のことを「タイプ標本（基準標本）」と呼ぶ。また、タイプ標本が採集された場所を「タイプ（基準）産地」という。

ある植物が何という学名であるかを調べるということ、つまり「同定」とは、分類学的にはどの学名のタイプと同じであるかを調べることに他ならない。それぞれが発表されたときに著者が書いた記載文と照らし合わせ、目の前にした植物の特徴がそれとすべて一致しているかを読み定めることになる。

記載文だけで明らかにわかるときもあるだろうが、その著者が表現したことを文章から明確にビジュアライズできないときは、タイプ標本を参照しなければ判断しかねる場合が多い。どのタイプと目の前の標本が同じなのか、それを定めることが「同定」なのである。植物の学名を突き止めることを同定というと述べた。英語の「アイデンティフィケーション」の邦訳であるが、明治、大正期は、同定ではなく「検定」といった。

現在では、学名を発表する際には、基準とした標本を後世の研究者がきちんと検証できるようにタイプ標本の指定を明確にしておかねばならないことになっている。当たり前に使っている学名でも、よくよくタイプ標本に戻って調べてみたら、一〇〇年以上間違って学名が使われていたということもある。分類学においては、先行する見解を信じてはいけない。常に先人が行った研究が正しいのか、疑いをもって自分で調べなおすことが必要になる。

採集した標本が、先人の分類学者が記載した既知のどの種類と同一なのかを一点一点過去の文献や標本に当たりながら調べていくと、いつかどれにも当てはまらないものが出てくるわけである。そこで、もっと違う地域の別の文献に当たってみたり、詳細な研究が必要になったりする。このことから、分類学には豊富な文献資料と比較のための標本資料が必要なのである。

それでもその属や関連する近い属などで知られているどの植物とも合わないときに初め

て、それはいままで知られていない植物である可能性が出てくる。しかし、同定は単なる作業ではない。同定こそ分類学の柱であり、分類研究の要(かなめ)といえるのである。

牧野富太郎の植物研究は、日本にはどんな植物がどこにあるかを全国的な標本採集を精力的に行い、植物を採集しては標本を作製し、それを内外の文献でひたすら同定を繰り返すことにより調べるというものであった。北は北海道の利尻山から南は九州の屋久島まで踏破している。採集した標本を同定するとともにその詳細な形質を記載していった。牧野の好奇心は、終始一貫して植物の名前を調べることだった。

牧野の異様なまでの名前、名称へのこだわりは、子どものころの周囲の生き物に対する「この植物はなんという名前だろう」という好奇心に強く影響されている気がする。そして、この牧野の「名称」に関する研究は生涯続くことになる。

ハーバリウムの誕生

標本について長々と述べてきたのは、これを理解せずに牧野富太郎の植物研究を理解することはできないからである。

植物の標本といえば、平らにして乾燥させ、台紙に貼り付けたもので、腊葉標本と呼ぶことは前に述べた。より一般的には「押し葉標本」とも呼ばれるが、葉だけではなく、標本には花や果実が大切なので、あまりいい呼び方とは思わない。

そのような植物標本をキャビネットに一定の分類ごとに収蔵しておく施設、つまり植物標本室あるいは植物標本館を「ハーバリウム」という。かつて日本では、標本は標品とも呼ばれ、標品館などともいった。本来のハーバリウムは、最近流行(はや)りの瓶に入ったプリザーブドフラワーではない。そもそも標本自体のことを指し、その後、標本を収蔵する施設を含めてそう呼ぶようになった。

では、植物の腊葉標本はいつ誰が考えたものだろうか。腊葉標本の歴史は、一六世紀の初頭にまで遡る。イタリアのボローニャ大学の医師であったルカ・ギーニが学生たちに薬用植物を教えるために、花がない時期や休眠してしまう冬でも保存しておいて、その形態を見せることができるように考案したと考えられている。

その台紙に貼られた標本を本のように片側で綴(と)じてめくって閲覧した。当初は、その標本集のことを「ホルトゥス・シッカス(乾燥した庭園)」、「ホルトゥス・ヒエマリス(冬の庭園)」と呼んでいた。これがハーバリウムの起源である。

残念ながら、ルカ・ギーニ本人の標本は残っていないが、彼の弟子が一五三〇年代はじめにつくったとされる標本が現存する世界最古の腊葉標本である。つまり、植物の標本は約四九〇年は保存できるということになる。

しかし、それには条件がある。乾燥した葉や花を食べる昆虫の被害に見舞われないことである。タバコシバンムシやシミなど標本を食害する昆虫類が発生すれば、標本はあっという間に粉になってしまう。

高温高湿度な気候である日本は、標本の保管には適していないため、温度、湿度の管理が重要で、ハーバリウムは常に温湿度の空調管理をしている。その点、気温が低く、湿度が低いヨーロッパは、自然史標本の管理・保存には最適であった。

一七〇〇年代に入るとフランスの植物学者ジョセフ・ピットン・ドゥ・トゥルヌフォールは、現在のような標本を収蔵し、いつでも取り出して調べることができる標本室の施設そのものをハーバリウムと呼んだ。これが現在の意味でのハーバリウムという用語の始まりである。日本の東京大学にハーバリウムが設立される、約一八〇年前のことである。

精力的な標本採集

いずれにしても、牧野富太郎ほど標本の採集を世に広めた人物はいない。牧野はことあるごとに全国を巡っては標本採集の意義を次のように述べている。

「植物を研究するには、先ず植物を記憶せねばならないのであるから、植物を覚える方法を講じなければならない。この目的を達する為には、第一が植物採集である。採集した植物で標本を作り、これに名称を入れる事である」

牧野による日本の調査採集は、北は北海道の利尻山から、南は九州の屋久島まで及んでいる。利尻山の採集調査については、雑誌『山岳』の明治三九年（一九〇六）六月号に詳しい。利尻では、キンポウゲ科のボタンキンバイを記載し、屋久島ではヤクシマスミレを記載した。

奄美大島を牧野自身が調査したかどうかについての確固たる証拠はない。明治四三年（一九一〇）の二月、三月に採集されたシダ類の標本があるのみで、牧野自身が採集したものかは疑問があった。しかし、最近、国立科学博物館の標本の中に、牧野の直筆で書かれたラベルがついた奄美産のトウダイグサ科のイワタイゲキの標本があることがわかった。採集者は牧野で、採集年は明治四三年の四月となっている。

採集者として直筆で自身の名前が記された奄美の標本があるからには、牧野は奄美へも調査に訪れたと考えるのが自然である。しかし、この年の四月、牧野は東京に滞在しており、他のシダ標本の二月、三月と時期も異なるため、奄美で採集をしたかどうかはわからないままである。

いずれにしても、牧野は他人には真似できないような頻度で精力的に全国の標本採集を行った。牧野の日記には、標本整理で「一睡もせず」という記述も目立つ。ときには、旅

たくさんの標本を持って採集旅行より帰宅した牧野富太郎(写真提供：牧野一淳氏)

先から寿衛(すえ)夫人宛に押して乾燥させてほしいという趣旨の手紙とともに、多くの標本を郵送した。牧野の行動録からは、ほぼ毎日のようにどこかに標本採集に出かけていることがわかる。そうして自身が収集した標本と全国から牧野の元へ送られてくる標本とを用いて、牧野の日本のフロラ研究と図鑑の整作が行われたのである。

八〇歳を越えると、執筆活動の傍(かたわ)ら、主に東京・練馬区大泉の自邸の庭の植物を標本にするようになる。これらの標本からは、当時、牧野が庭に何を植えていたかを知ることができる。

牧野は、研究だけではなく、普及活動においても標本を最も重要視した。のちに出版する『雑草三百種』という著書は、牧野にとって珍しい標本写真による図鑑である。自身の標本で身近な雑草を示すことで標本の採り方を世に広めようとしたものである。

牧野が考えるように植物標本は、植物の分類研究に不可欠で、最も基礎となる資料であり、標本採集とその同定こそが、フロラ研究の主軸となるものなのである。

コラム2 牧野式胴乱とは何か

標本採集といえば、胴乱、根掘り、剪定鋏、野帳（フィールドノート）、野冊、ルーペといったものは必携である。いまでは聞き慣れなくなった胴乱は、ブリキでできた腰に下げる入れ物で、採集した植物を持ち運ぶための道具としてよく使われていた。

かつては、進化論で名高いチャールズ・ダーウィンも植物採集に胴乱を使っていた。いまでも市販されているものはあり使う人もいるが、良質の大きいサイズのビニール袋が普及した現在では、あまり使われなくなっている。壁にかけてインテリアとする場合もある。

そもそも植物採集に使う胴乱とは、何を起源としているのだろうか。西欧ではヴァスキュラムという。一七世紀のキャンドル箱から発展したと考えられているが、その起源は定かではない。一八世紀には、すでに植物標本の採集箱として使用されていた。一方、日本語の「胴乱」は、もともと銃器の弾薬を入れる腰に下げる袋のことで、天保二年（一八三一）の『大広益新改正大日本永代節用無尽蔵』には、「銃卵」という漢字が使われている。しかし、同年代の『雑兵物語』（弘化三年、一八四六）には、「胴乱」と書かれていて、漢字の当て方も定まっていなかったようである。

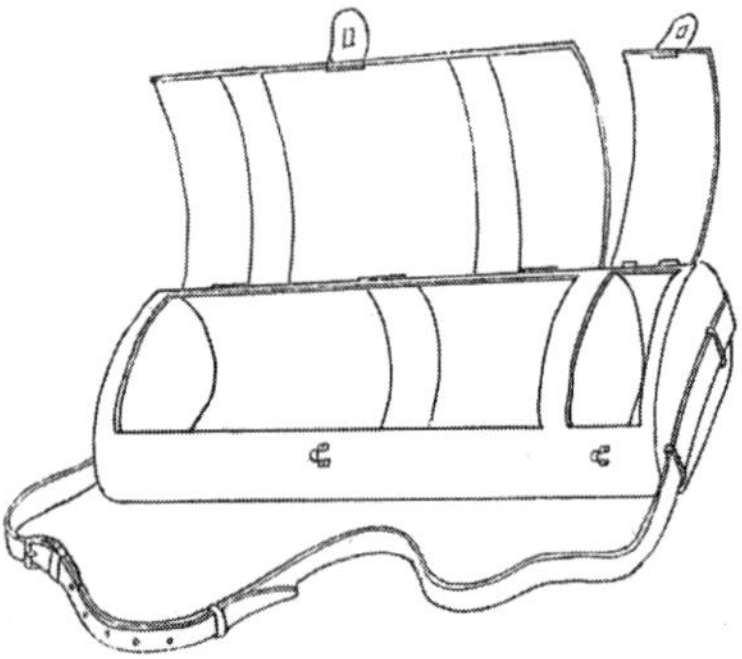

『植物の採集と標本の製作』（内田老鶴圃）に掲載された牧野式胴乱

明治一六年（一八八三）の師範学校教科用『植物通解』の中での「採集匣」が、胴乱に相当する。挟紙という「画冊の如く開合するもの」に挟んで持ち運ぶということであるから、こちらがいまでいう野冊にあたる。七年後の三好学『中等教育植物学教科書』では、「胴卵」、「野冊」となっている。しかも、胴卵が、ヴァスキュラムの対訳として記されている。

明治三三年（一九〇〇）に東洋社が発行した『植物採集法』の中には、採集道具の広告があり、採集用携帯箱（鉄葉製）、一円一〇銭とある。胴乱（籃、卵）から採集用携帯箱まで、その呼び名には揺れがあったことがわかる。

牧野は、上野科学社製の側面が開閉するものや、内部が二つの部屋に仕切られている胴乱を用いていた。これらを「牧野式胴乱」と呼んだ。側面が開閉するものは、薬学者、朝比奈泰彦が使っていた英国製の胴乱とほぼ同じだった。脇にもう一つ部屋が仕切られた特製の胴乱は、その小さなほうの部屋におにぎりなどの昼食を詰めて出かけたという。

しかし、西欧のヴァスキュラムの二次的な使い方として、じつはランチボックスがあり、列車の中で貴婦人たちがヴァスキュラムを膝の上に、横にして置いてランチを楽しんでいる写真が残されている。

牧野富太郎の『趣味の植物採集』（昭和一〇年、一九三五）には、「今から三四十年ほど以前にはかかる既製品がなかつたから、個人々々がブリキ屋などに注文して拵(こしら)へたもので、時代を歴(へ)るに従ひ思ひ思ひにいろいろな型のものを注文して造らせ、なかなか奇抜な胴籃を得意に携行したものであつたが、今日ではあまり其(その)奇観は見られなくなつた」と述べられている。つまり、明治の後期に流通し始めたということだろう。牧野は、胴乱、根掘り、剪定鋏など、標本採集の七つ道具にもまた相当のこだわりをもっていた。

最近、国立科学博物館に収蔵される明治初めの伊藤家三代史料の中に胴乱のスケッチがあることを知った。伊藤家三代史料は、伊藤圭介と娘婿延吉、その息子である伊藤篤太郎の三代にわたる幕末から明治初期の貴重な本草絵画などの資料である。

この胴乱も、二つの部屋に仕切られているもので、まさに「牧野式胴乱」と呼ばれるものそのものであった。いずれにしても、明治の初めにはこの胴乱がすでにあったということだろう。「牧野式」とは、牧野が考案したものではなく、牧野が使用していたということからくる名称だったのかもしれない。

第五章　新種を記載するということ

タクソンとは何か

学名が示すのは種とは限らない。変種であったり品種であったりランク（階級）があることはすでに述べた通りである。

種も変種も、それより上の属や科も、階級は違っても、「生物学的なまとまり」である。この階級に関係なく、「生物学的なまとまり」のことを「タクソン（分類群）」と呼ぶ。科も属も種も変種もどれもタクソンである。スイスの植物学者オーギュスタン・ピラミュ・ド・カンドルが、一八一三年に著書『植物学の基礎理論』の中で使ったタクソノミーは、このタクソンを研究する分野ということである。

牧野富太郎を紹介する際、「ヤマトグサをはじめとして多くの日本の植物を命名した」というのはよく聞くフレーズである。では、「ヤマトグサを命名する」とはどういうことなのか。そもそも「命名」には、学名と和名がある。「ヤマトグサ」は和名であり、この和名をつけたという意味にも取れるし、ヤマトグサの学名をつけたとも取れる。両方の意味に取れる曖昧な表現である。

牧野が命名した植物の数は、書物、新聞、雑誌、ネット、展覧会のチラシなどどれを取ってみても数がバラバラで、どれが本当か定かではない。「牧野が命名した植物の数」は、調べてみただけでも、一五〇〇種とも二五〇〇種とも記されていた。いずれにしても、牧野の業績についての決まり文句となっている「一五〇〇種以上の植物を命名した」というのは明らかな間違いである。なぜならタクソンのことが考慮されていないからである。「一五〇〇種以上の植物を命名した」だが、一五〇〇という数は植物の種というランクを示しているのではない。では、種類、つまりタクソンの数を表しているのだろうか。じつはこれもノーである。

残念ながら牧野富太郎を紹介するメディアの多くは、こういうことを正確に理解していない。正しい表現は、「一五〇〇以上の学名をつけた」である。どうして学名の数が植物の種類の数ではないのだろうか。

例えば、ある植物が新種であると考えて、その植物に新種としての学名をつけたとする。研究が進むにつれて、すでにそれはツェンベルクが学名をつけていた植物と同じであったことがわかった場合、確かにつけた(発表した)学名は残るが、植物の種類はそれより前に発表された植物と同じであったわけなので植物の実体は増えることはない。学名は一つ増えて、植物の種類は増えないことになるわけである。

タクソンと学名

牧野が発表した学名の中には、違うタクソンとしてつくった学名があとから同じ植物であったことがわかったものも存在している。ここに、発表学名の数が植物の種類数でない理由がある（牧野としては、少なくとも種類だと思ってつけた学名ではあるが）。

そのうえで、よく目にする一五〇〇や二五〇〇という数字自体が果たして正しいのかを考えてみたい。正しい数字を出すためには、最初に牧野の業績目録をつくる必要があるはずである。しかし、その知名度の高さとは裏腹に、牧野の業績目録はいままでつくられたことはない。

では、なぜこの数字が存在するのだろうか。果たして牧野が発表した学名は本当はいくつなのか。正確な数字は章を改めて述べることにしたいが、ここでは基本となる考え方を紹介しておこう。

先に見たように、分類の研究では、同じ植物にいくつもの学名が与えられてしまうことがある。変異が大きかったり、古くから世界各地で栽培されていたりして分類が難しい植物では、複数の研究者が与えてきたさまざまな学名が、研究が進むにつれて同じ種類であることがわかると、複数与えられた学名は一番先につけられた一つの学名に集約されてしまう。

それは「正名」と呼ばれ、それ以外は「異名（シノニム）」となる。一種類の植物に多い場合は百以上もの学名が存在するものもあるが正名は一つである。したがって、一つの植物に学名は一つではない。同じ見解によると、一つのタクソンに一つなのは、学名ではなく正名なのである。

ルールに従って発表された最初の名前であること。これが学名の認められる条件である。つまり、学名には先取権がある。分類学も科学なので、誰が一番先にそれを見出して発表したか、が問われる。

それらを比較して整理する研究も分類学では重要である。例えば、日本と中国に同じ植物が自生しており、両国の研究者が同じ植物にそれぞれの国で別々の学名をつけた場合なども一時的に重複して学名がつくことになる。最近は、国際的な科学者との情報ネットワークや論文データが即時に入手できるが、少なくとも、牧野富太郎の時代はまだそれには早かった。

つまり、一番多く見られる一五〇〇という数値は、種、変種、品種などさまざまなランクのタクソンを合わせた数であり、一五〇〇種ではない。では、種を取って「一五〇〇以上の植物」とすればいいのかというと、繰り返しになるが、学名の数が種類の数（タクソンの数）と一致するわけではないのでそれも違う。やはり「一五〇〇以上の学名をつけた」しか、正しい表現はないことになる。

しかし、ネットを検索すると「約二五〇〇種の植物を発見、命名しました」としているサイトもある。おそらく、和名の命名も入れているのではないかと思うが、牧野が命名した和名のリストは存在しない。この数の根拠も不明である。

牧野富太郎の専門性

牧野富太郎は生涯をかけて日本の植物を調べ、まだ学名がついていない植物に次々に学名をつけていった。このことは感覚的には理解できるが、ある植物に学名がどのようにつけられているのか、という実際のプロセスは多くの人がイメージしにくいだろう。「新種を登録する」と間違って記述されることが多いが、新種は「登録」するものではない。おそらく、これは園芸品種の種苗登録と間違っているのだろう。

専門的には、新種に学名をつけることを「記載」という。記載とは、一般には書物に書いて掲載することを意味する。しかし、『広辞苑』を引くと、もう一つ意味が出てくる。「生物の特徴を詳しく記すこと」である。もちろん、私たち分類学者が使っている「記載」は、後者である。この「記載」の平易な表現として、私たちは「書く」ということがある。

そもそも植物学が西洋からだいぶ遅れて入ってきた日本では、それまで日本になかった英語の専門用語を邦訳することが求められた。記載は、英語の「ディスクリプション」、つまり「描写する」の邦訳である。その植物の容姿、サイズ、根・茎・葉の形、花の構造、果実、種子などに至るまでその種の特徴を細かく、丁寧に言葉で表現する。

二名法でつくられている学名には、最後にその学名を発表した者の名前がつくことは前に述べたとおりである。そのとき、これを命名者とも発表者とも呼ばない。「著者（オーサー）」という。その植物についての特徴、どのような種類なのかを細かく言葉で表現し、ラテン語の学名をつくった記載文の著者ということである。

図鑑で植物を調べるとき、例えば「高さ約一メートルになる多年草。茎は四角形で綿毛が生え……」などと書かれているがこれが記載である。すでに知られている種のことは既知種というが、それが新種の発表であれば、新種の記載になるわけだ。「新種を書く」とは新種の記載文を書いて発表した、つまり新種の記載論文を書いたことを一言で口語的に表したものである。

一方、ある地域に見られる植物を調べ上げ、リスト化することを「インベントリー」という。さまざまな季節に調査を行い、花や果実がついている植物の標本をその植物の種類に関係なく、網羅的に採集して調べる。

牧野は日本のフロラを明らかにするため、一つ一つのタクソンを標本に基づいて調べていった。すでに学名がついている植物でも、よくわかっていない種については詳しい記載を与え、まだ誰も記載していない（未記載という）種は、学名をつけて記載していった。新種とは未だ誰も記載していない種ということで、未記載種と同義である。まさに日本産植物の「記載」こそ、牧野の研究そのものであるといえる。

記載は研究者にとってのその植物の解釈そのものである。のちに牧野は、後半生の大きな仕事として三〇〇〇以上の日本の植物を網羅した植物図鑑をつくることになる。日本の植物を余すところなく理解し、記載した図鑑は、牧野による日本のフロラ観とも捉えることができる。終始一貫して日本の植物の記載に徹した牧野富太郎の専門性は、日本のフロラ研究であり、中でも日本産植物のインベントリー研究にあったといえるだろう。

和名にはルールがない

ここで、前に述べた「ヤマトグサを命名した」という表現について、別の角度からもう一度考えてみたい。

専門的には、「ヤマトグサを記載した」といえば、それは自ずと学名をつけたという意味になる。和名は「記載する」とはいわないからだ。和名は命名するものである。ただ、植物に正式な和名というものはないから、命名ではなく正確には「提案」であろう。その提案がいかに素晴らしい和名であったとしても、それがどのくらい一般に浸透して使われるようになるかということとは別問題である。

布施明の「シクラメンのかほり」で名が知られるシクラメンは、冬の窓辺を飾る美しい花である。ところが和名はブタノマンジュウという。シクラメンの根はジャガイモと同じ塊茎（かいけい）で、それを豚が食べることから、英語で「雌豚のパン」と呼ばれる。これが和名の「豚の饅頭（まんじゅう）」の由来である。

しかし、あまりにもかわいそうな和名のため普及せずに、属名のシクラメンをそのまま使うことが多い。牧野富太郎が、新宿御苑を訪れていたとき、シクラメンの花を見て篝火（かがりび）のようだといった婦人の言葉から、牧野は「カガリビバナ」というブタノマンジュウに代わる和名を提案した。しかし、これも普及はしなかった。園芸として使われる植物の和名は、むしろ園芸界において流通する和名（流通名）のほうが広まりやすい傾向にある。

生薬として古くから滋養強壮や冷え性などに用いられるサンシュユ（山茱萸）は、早春に葉が展開する前に黄色い花をつけ、庭木に花木としても植えられる。この和名を牧野はハルコガネバナと呼んだ。しかし、一般的には、サンシュユが用いられることがほとんどで、ハルコガネバナが普及したとはいえない。

和名は誰でも自由につけられる。植物分類学で和名を命名したというのは、研究ではないので業績のうちにあまり入らない。このように学名とは異なり、和名にはルールはなく、提案は自由だが、定着するかどうかは、それがどれだけ社会に浸透するかにかかっているのである。

学名にはルールがある

和名とは異なり、学名は国際的なルールにしたがってつけられる。その国際的なルールこそが、「国際藻類・菌類・植物命名規約」である。長い名前だが、六年ごとに開催される国際植物科学会議（インターナショナル・ボタニカル・コングレス）で課題が議論され、その都度必要に応じて改訂される。最新の規約は、二〇一七年に中国の深圳（しんせん）で開催された国際植物科学会議での改訂版で、「深圳規約」と呼ばれる。

学名の命名法の国際標準化は、一八六四年にベルギーで開かれた会議まで遡（さかのぼ）る。このとき、学名の国際的な規約の構想が諮（はか）られ、一八六七年にパリでの会議で公布された。最初の規約案は、スイスの植物学者アルフォンス・ド・カンドルによって進められた。『植物学の基礎理論』の著者オーギュスタン・ピラミュ・ド・カンドルの父であり、この規約はド・カンドル法と呼ばれた。しかし、反対意見も根強く、内容の見直しなどを経て、今日での国際命名規約の元になるものとして採択されたのは、一九〇五年、ウィーンでの国際植物科学会議においてだった。

学名についてのルールには、主なものに次のようなものがある。すでに述べた、先取権の原則。同じ植物に二つ以上の学名が与えられてしまったときに、それらがルールに従って発表された学名であれば、一日でも早く発表された学名が採用される。

また、一九三五年一月一日以降は、ラテン語の判別文を伴わなければならなくなった。これはどういうことだろうか。ある属でそれまでに五種の植物が知られていたとする。そこにこの五種のどれにも当てはまらない植物が見つかった。つまり、六種目の新種ということになる。

その場合、詳細な記載文を書く前に、それまで知られていた五種の植物とどれも異なる形態をもつ、その新種の決定的な特徴を端的に明解に説明する文を書く。これを他の種類から判別するための特徴、という意味で「判別文（ダイアグノーシス）」という。ラテン語でこの説明文を書かない限り、一九三五年一月一日以降に発表されたいかなる植物の学名も認められない。

例えば、関東地方より西、四国や九州に生える日本固有種のヒガンバナの仲間であるオオキツネノカミソリは、リコリス・キウシアナ・マキノとして、牧野富太郎が昭和二三年（一九四八）に雑誌『牧野植物混々録』の中で記載した。キウシアナは九州産という意味だ。命名規約上、一九三五年一月一日以降に発表された学名には、ラテン語での判別文がないと認められないが、すべて英語であったためこの学名は無効となった。しかし、同時に提案したオオキツネノカミソリという和名には、そのようなルールがないのでその後も使われ、牧野がつけた和名だけが現在使われている。

一方、学名はのちに、マキシモヴィッチの記載したリコリス・サンギネアの変種として記載された。正しくは、オオキツネノカミソリは和名だけを牧野が命名したことになる。科学で認められなければ、存在しなかったことと同じである。

牧野に献じられた学名

学名には、敬意を込めて業績や関連する人物の名前がつけられることも多い。園芸植物として切り花になるアルストロメリア、よく庭や植物園に植えられているブーゲンビレア、ハワイを代表する花として知られるプルメリアなどもすべて人物の名前に由来する。

アルストロメリアは、リンネの友人であった実業家クラース・アルストレーマー男爵に献名されたものである。日本のフロラを初めて本格的に研究したツェンベルクの研究のパトロンでもあった。ブーゲンビレアは、この植物を発見したフランスの探検家ルイ・アントワーヌ・ド・ブーガンヴィルに因む。プルメリアは、アメリカ大陸の植物研究を行ったフランスの植物学者シャルル・プュルミエに由来する。

このようにある人物に因んでつけられた学名を「エポニム」という。エポニムは、属名に対して使われることが多い。牧野富太郎のエポニムで、最も有名なのは、新科、新属のマキノゴケ科のマキノアであろう。

献名される場合には色々なケースがある。その植物を最初に見つけた、標本を最初に採集した、その分野に貢献した、などである。学問的には関連はないが、尊敬する人物名や国の元首の名前などに由来する学名もある。

南米に分布する世界最大のスイレン、オオオニバスの属名は、ヴィクトリア属であり、英国のヴィクトリア女王に因む。チベットに分布するヨモギの仲間には、アルテミシア・ダライラマエというのがある。チベット仏教のダライ・ラマ法王に由来する。

マキノゴケはコケであるが、牧野はコケの標本も数多く採集した。東京都立大学の牧野標本館には、牧野のコケ標本が約二〇〇〇点収蔵される。牧野は、生涯に六編のコケ植物に関する論文を書いているが、コケの学名の命名には携わらなかった。牧野が採集したコケの標本は、三宅驥一（きいち）や後世の研究者らによって研究された。

マキノゴケは、牧野が千葉県清澄山で採集したものを東京帝国大学の三宅驥一に標本を託し、発表されたものである。三宅は、新科、新属、新種としてマキノゴケを記載した。日本から東南アジアまで広く分布している。高知県の佐川町室原の聴松寺（ちょうしょうじ）山のマキノゴケは、町指定の天然記念物となっている。

一方で、牧野の名が種形容語（種小名）に献名されたものはいくつもある。ラン科のセイタカスズムシソウの学名リパリス・マキノアナやカヤツリグサ科イワカンスゲの学名カレックス・マキノアナ、マキシモヴィッチが牧野に献名したベンケイソウ科のマルバマンネングサ（セドゥム・マキノイ）などである。しかし、科名や属名になっているものは、マキノゴケというコケだけである。

第六章　『植物学雑誌』の刊行

最初に学名をつけた日本人

　牧野富太郎は、ヤマトグサを皮切りに、精力的な野外採集調査によって、次々と日本の未記載の植物を発見していくことになる。前章では、そうした牧野の研究の専門性が、「日本産植物のインベントリー」にあったと述べた。

　日本のフロラ研究とは、日本の植物のインベントリーを行い、未記載の植物は記載して学名をつけ、そこに知られるすべての植物の学名を記載とともに植物誌（フロラ）としてまとめることにほかならない。牧野が分類学、特に学名に対する考えを講演会で述べたことがある。

「学名とは学術上の名前であって植物にはそれぞれその学名が付いています。この学問上の名を定めるために吾々は日夜苦労しているのでありまして、吾々分類学者の仕事の大部分は名を正しく極めたいということなんです」

　つまり、牧野富太郎の中での分類学とは、記載分類学と正しい学名及び和名の適用にあったということができる。もっとも、日本人で最初に植物に学名をつけたのは、矢田部良吉でも牧野富太郎でもない。

　伊藤圭介の孫にあたる植物研究家であった伊藤篤太郎。彼は、伯父の伊藤謙（ゆずる）が明治八年（一八七五）に長野県の戸隠山（とがくしやま）で採集した植物を未記載であると考え、ロシアのマキシモヴィッチに送り、明治一九年(一八八六)、『サンクトペテルブルク帝国科学院紀要』に新種として記載した。

マキシモヴィッチは、最初はメギ科のポドフィルム属(ミヤオソウ属)の新種と考え、ポドフィルム・ヤポニクムとした。トガクシソウである。しかし、のちに新しい属であることがわかり、明治二一年(一八八八)、新属ランザニアを記載し、この新しい属にトガクシソウを移して、ランザニア・ヤポニカ・イトウとして、イギリスの学術雑誌『ジャーナル・オブ・ボタニー・ブリティッシュ・アンド・フォーリン』に論文を掲載したのが伊藤篤太郎だった。このトガクシソウ属の学名が、日本人が初めてつけた学名であった。しかも、それは同時に新属の学名だったのである。

初めに考えた属が、その後の研究によって別の属に属すると考えるに至るケースは多い。このとき、トガクシソウのようにある属から別の属に移す、つまり種形容語をある属から別の属へ組み替えることになるのだが、分類学ではこれを「新組み合わせ」と呼ぶ。

属がポドフィルムからランザニアに変わったとき、種形容語であるヤポニクムはヤポニカに変化する。属の性が変わったからである。植物図鑑で学名を見ると、学名の最後の著者名が、括弧(かっこ)の中に入っているものがある。それは、その学名に至るまでに一度は組み替えが行われたことを示している。組み替えた人物の名前が括弧の後ろに来て、組み替える前の学名の著者が括弧の中に入る。組み替える元になった学名を、組み替えた学名の「基礎異名（バシオニム）」という。

伊藤篤太郎は、明治一七年（一八八四）からイギリスのケンブリッジ大学などに留学し、帰国して東京府尋常中学（現都立日比谷高校）や鹿児島県尋常中学造士館などで教鞭をとった。東京大学の松村任三と琉球の植物を研究し、リュウキュウマユミ（エウオニムス・ルウチュエンシス・イトウ）、ヒメサザンカ（カメリア・ルウチュエンシス・イトウ）などを記載した。

ところで、国際植物学名インデックス（IPNI）を見ると、一八七四年に発表された学名として、バショウの学名「ムサ・バショウ・シーボルト・ツッカリーニ ex イイヌマ」が掲載されている。

イイヌマとは飯沼慾斎のことである。学名の著者名にex（エクス）がつくのは、その前に来る著者が正式に発表しなかった学名をその後に記されている著者が正式に発表したということである。ラテン語のexは、英語のfromにあたる。

一八七四年は、飯沼の『新訂草木図説』が出版された年であり、シーボルトがバショウの学名を正式に発表していなかったため、学名が記された時点での飯沼の記載を伴う図譜が、正式発表となったのである。実際には『新訂草木図説』は、飯沼のあと、田中芳男と小野職慤が増訂したものであり、このときに学名が加えられた。学名を加えたのは田中と小野である。

いずれにしても日本人の名前が著者名になっている学名としては、伊藤篤太郎より遡るが、これは命名規約上、必然的にそうなったものである。

『植物学雑誌』の創刊

日本人によって、一から日本の植物標本が採集され始め、研究が進んで学名の記載が始まれば、今度は、得られた成果を発表する場が日本にも必要になる。

東京大学が設立された翌年の明治一一年(一八七八)、生物学科の主任である動物学者モースと矢田部良吉が中心になって、矢田部を会長とした東京大学生物学会が発足する。その後、明治一五年(一八八二)、植物学の助教授であった大久保三郎(さむろう)の働きにより、動物と植物が分かれ、植物だけを対象とした東京植物学会が発足する。これが、現在の日本植物学会の前身である。このとき、大久保を支えたのは、菌類学者の市川延次郎だったという。

植物学雑誌第一巻一号の冒頭で、大久保は学会の発足経緯を次のように記している。

「我が国に在りては従来植物専門の会無かりしは実に此学の一大欠事(けつじ)と謂ふべし。余輩(よはい)ひそかに之を慨歎し、明治十四年の暮、植物学会を創設せんことを伊藤圭介、賀来飛霞(かくひか)の両氏に謀りたり。爾後、同志者松村任三、沢田駒次郎、宮部金吾、岡田信利、賀来飛霞、大沼宏平、内山富次郎等の諸氏余が宅に会してその方法を協議し、遂に一の盟会を創設することに決定し、矢田部良吉氏に会長となりて本会を誘掖せられんことを請ひしに、同氏も亦この挙を賛美しその請を許諾せらる」

『日本植物学会百年の歩み』によれば、当初学会の活動はふるわず、一時期は元の東京生物学会への合併の議論も起きたが、矢田部会長の下に松村任三と大久保三郎の二名の幹事を置いて頽勢（たいせい）を挽回し、やっと学会誌の刊行が実現したとある。

一方で、牧野富太郎の自叙伝には、『植物学雑誌』の発刊について次のように述べられている。

「ある時市川・染谷・私と三人で相談の結果、植物の雑誌を刊行しようということになった。原稿も出来、体裁も出来たので、一応矢田部先生に諒解を求めて置かねばならんと思い、先生にこの旨を伝えた。その時矢田部先生がいうには、当時既に存在していた東京植物学会には、まだ機関誌がないから、この雑誌を学会の機関誌にしたいということであった。このようにして、明治二十年私達の作った雑誌が、土台となり、矢田部さんの手がそれに加わり、『植物学雑誌』創刊号が発刊されることとなった」

明治二〇年（一八八七）に創刊されたこの雑誌が、これからの半生における学術論文の発表の場となった。

第四巻までの『植物学雑誌』には、英名がなかった。牧野富太郎が初めて学名を発表した論文は、ほとんどが邦文で書かれており、学名の記載部分だけが横書きの英語になっていた。しかし、『植物学雑誌』第五巻には、『ボタニカル・マガジン』という英名がつけられている。すでに、イギリスのウィリアム・カーティスにより一七八七年に刊行された同名の雑誌があったために、『ボタニカル・マガジン（トウキョウ）』と引用されることが多い。

翌年の『植物学雑誌』第六巻には、矢田部良吉のハチジョウシュスランやヒロハノヌマゼリの新種の記載論文をはじめとして英語論文がいくつも投稿され、それに合わせて誌面は邦文ともに横書きとなった。しかし、当時はまだ邦文の横書きに慣れない会員も多く、このレイアウトに苦情が出て、第六巻は縦書きに戻された。まだそういう時代だったのである。

この雑誌は、一三〇年以上経ったいまも、日本植物学会の発行する学会誌として引き継がれている。現在では、『ボタニカル・マガジン（トウキョウ）』ではなく、『ジャーナル・オブ・プラント・リサーチ』として高く評価される国際誌になっている。

ムジナモ論文の掲載

牧野の業績として、よく取り上げられる植物にムジナモがある。世界的発見などと謳われることもあるようだ。自叙伝にムジナモを発見したときのことが次のように綴られている。

「明治二十三年、ハルセミはもはや殆ど鳴き尽してどこを見ても、青葉若葉の五月十一日のこと私はヤナギの実の標本を採らんがために、一人で東京を東に距る三里許りの、元の南葛飾郡の小岩村伊予田に赴いた。江戸川の土堤内の田間に一つの用水池があつた。この用水池は、今はその跡方もなくなつている。この用水池の周囲にヤナギの木が繁つていて、その小池を掩うていた。私はそこのヤナギの木に倚りかかつて、その枝を折りつつ、ふと下の水面に眼を投げた刹那、異形な物が水中に浮遊しているではないか。「はて、何であろうか」と、早速これを掬い採つて見たら、一向に見慣れぬ一つの水草であつたので、匆々東京に戻つて、すぐ様、大学の植物学教室（当時のいわゆる青長屋）に持ち行き、同室の人々にこの珍物を見せたところ、みな「これは？」と驚いてしまつた。時の教授矢田部良吉博士が、この植物につき、書物（多分ダーウィンの「インセクチヴォラス・プランツ」であつたろう）の中で、何か思いあたることがあるとて、その書物でその学名を捜してくれたので、そこでそれが世界で有名なアルドロヴァンダ・ベンクローサであることが分つた」

牧野はその植物が何かわからずに教室へ持ち帰ったが、それがアルドロヴァンダ・ベンクローサという植物だと同定したのは、矢田部良吉であったことがわかる。しかし、牧野は単独で自分が発見したというその事実だけを使って、このムジナモの報文を『植物学雑誌』第四巻第四〇号に発表する。また、第四巻第四五号では、その新和名をムジナモとした。

日本新産種を発見してもそれが何だかわからなければ報文は書けない。ムジナモの報文は矢田部と共著で発表されるべきものであっただろう。しかし、牧野がのちに描くムジナモの植物図は、牧野の代表作の一つで、海外からも高く評価された。

この明治二三年（一八九〇）は、矢田部良吉が『植物学雑誌』に「泰西植物学者諸氏に告ぐ」を寄稿し、これまでは日本の植物は西洋の学者によって研究され、記載されてきたが、これからは日本人自らの手によって分類研究を行い学名も命名すると宣言した年でもある。そして宣言通り、矢田部は新属・新種のキレンゲショウマ（キレンゲショウマ・パルマタ・ヤタベ）を発表した。

ヤマトグサの真実

明治に入り、東京大学が設立され、矢田部良吉、松村任三の尽力により、日本全国から標本が集められ標本室ができた。明治一七年（一八八四）、牧野富太郎は矢田部の計らいによって、その東京大学の研究室で研究を行う機会を得るが、そのとき日本のフロラの研究を開始できる下地はすでに整っていたといえる。

それに加えて『植物学雑誌』ができ、研究した成果を発表する場も整った。矢田部の宣言は、こうした研究の場と発表の場ができたことを受けてのことであった。

上京してからの牧野は、活動の拠点を東京に移したわけではなく、しばらくは故郷土佐で植物調査と採集を精力的に行った。『土佐植物目録』という当初の彼自身の目標も関連するだろうが、当時の東京大学の標本室では土佐の標本は珍しく、土佐での調査採集は、研究室の意向も反映していたのではないかと推察する。

牧野富太郎の植物学の処女論文は、明治二〇年（一八八七）の『植物学雑誌』第一巻第一号に掲載された「日本産ひるむしろ属」である。牧野は幼少のころ、土佐で見た植物を近くの村から来た「下女」にヒルムシロであると教えられたことがあった。「びるむしろ」と呼んでいたそうなので、その村ではそう呼んでいたのだろう。ヒルムシロも地方によって呼び名が異なる。

すべての植物、いや生物には名前があり、それがわかることの喜びを実感した原体験であり、その後、自分で他の植物も調べ、わかっていくとなおさらその喜びが増していったと牧野自ら記している。つまり牧野にとって、ヒルムシロという水生植物は、ことさら思い出深い植物だったと考えられる。ヒルムシロという和名は、水面に浮かんだその楕円形の葉を、ヒル（蛭）が休むムシロ（莚）に喩えたものである。

続いて、翌年の第二巻には、「やまのいも属ニ就テ述フ」とともに、日本のフロラの研究で得られた知見を発表していくシリーズ論文「日本植物報知」を掲載し始める。牧野が初めて植物に学名をつけたのは、『植物学雑誌』第三巻に掲載されたこのシリーズ論文の第二報である「日本植物報知第二」の中のヤマトグサであった。

牧野はきまって、国内の雑誌に初めて学名を発表した日本人として紹介される。晩年の『自叙伝』には、次のようにある。

「明治十七年に私ははじめてヤマトグサを土佐で採集したが、その翌年に渡辺という人がその花を送ってくれたので、私は大学の大久保君と共に研究し学名を附し発表した」

牧野は自分が主導してヤマトグサを記載したような書き振りをしている。しかし、果たしてそうなのだろうか。そう思わせるのはヤマトグサの学名の著者名の順番である。すでに書いたように論文は縦書き、記載の部分だけが欧文のため横書きになっている。それを見ると、テリゴヌム・ヤポニクム・オオクボ・マキノ、和名はヤマトグサである。

論文は牧野の単著であるが、一方でこの学名の著者は、大久保三郎と牧野富太郎の連名となっている。しかも、先に大久保の名がある。一般的には、学名の著者の順番は、最もその記載に貢献した人物が先に来る。つまり、「日本植物報知第二」の論文全体は牧野が書いたものだが、新種の発表の部分は大久保三郎によるものが大きいのではないか。では、タイプ標本はどうだろうか。

牧野自身の標本とともに渡邊荘兵衛の標本が引用されている。渡邊荘兵衛は、土佐吾川郡名野川村（現・吾川郡仁淀川町名野川）の小学校の教員で、土佐の植物を採集しては標本を牧野へ送っていたが、牧野とは折り合いが悪くなり、のちに矢田部良吉の門下へ入り、指導を受ける。明治一七年（一八八四）一一月に牧野が名野川で採集した標本には、花がなく、のちに渡邊荘兵衛が提供した標本で詳しい形態が明らかになった。

牧野は、その後、このヤマトグサを『植物学雑誌』第八巻でキノクランベ属へ組み替えた。先に述べた通り、属の組み替えのため、元の学名の著者、つまり、「オオクボ・マキノ」が括弧の中に入り、その後ろにマキノが来なければならないが、それを記していない。牧野は組み替えの基礎異名の著者を無視する傾向にあった。いまではヤマトグサは、テリゴヌム属にもどされ、現在は最初に記載された学名がヤマトグサの正名となっている。

日本の雑誌で初めて学名を記載するため、牧野は大久保三郎からヤマトグサについてかなり教えを受けたか、そもそも大久保が主導して英文の記載文を書いた可能性もある。ヤマトグサが語られるとき、大久保の名が忘れ去られていることが多い。正しくは、「一八八九年、ヤマトグサを大久保三郎と牧野富太郎が新種として発表した。これが国内の雑誌に日本人が新種を発表した最初である」となるだろう。

いずれにしても国内雑誌に日本人によって学名が正式に発表された記念すべき論文であったことは間違いない。

単独発表第一号

ヤマトグサは、いま紹介したように牧野の単独の発表ではなかった。むしろ、著者名の大久保が先になっているので、大久保が主となったとも考えられる。

それでは、牧野富太郎が単独で記載した最初の植物は何だったのだろうか。それは、ヤマトグサの発表からわずか約二ヶ月後の明治二二年(一八八九)三月に牧野自ら自費出版で石版印刷の技術を習得して世に送り出した『日本植物志図篇』第一巻第四集に掲載されたオニドコロ(ディオスコレア・トコロ・マキノ)である。オニドコロは、牧野が最初に単独で記載した記念すべき植物といえる。また、牧野が描いたそのオニドコロの植物図の構図は見事なものである。

しかし、じつは、ヤマトグサよりも前にマキノの名前がついた学名が存在する。『植物学雑誌』第二巻第二二号に掲載した論文「日本植物報知(第二)渡邊莊兵衛氏ノ採集品ニ就テ」の中で記載とともに報告されたコミヤマスミレの学名である。

このコミヤマスミレの学名は、ウィオラ・セルキルキィイという種のマヨルという品種でロシアの植物学者マキシモヴィッチがそう呼んだものである。コミヤマスミレは、それから一四年後の明治三五年(一九〇二)に同じ『植物学雑誌』第一六巻に単独の種としてウィオラ・マキシモヴィッチアナ・マキノと発表した。

その発表文中に品種マヨルが「マヨル・マキシモヴィッチ in litt.(イン・リッテリス)」として引用されている。イン・リッテリスとは、ラテン語で学名を正式発表はしていないが、科学者間の私信によるという意味である。つまり、これはマキシモヴィッチが牧野の検定依頼に対してマヨルという品種として検定していたものであることがわかる。

牧野が意識していたかどうかはわからないが、命名規約に基づくと、この『植物学雑誌』第二巻(明治二一年、一八八八)のコミヤマスミレをウィオラ・セルキルキィイ・マヨルというマキシモヴィッチが提案した学名を書いた上で、その記載を報文に載せたことで、この時点でこの学名が牧野によって正式発表されたことになる。

つまり、このとき、「ウィオラ・セルキルキィイ・マヨル・マキシモヴィッチ ex マキノ」が成立したことになり、この学名が「マキノ」を著者名とする最も早い学名になる。前に紹介した『本草図譜』のバショウの例と同じ類の学名である。

最も優れた業績・ヤッコソウ

牧野富太郎の日本産植物のインベントリーで、最も優れた業績は、新科、新属の提唱である。牧野は、『植物学雑誌』第二三巻第二七〇号で、「新属新種やっこそう」と題した和文論文を発表した。

明治四〇年(一九〇七)、東京大学の草野俊助が、土佐に植物を見にいった際、幡多郡の師範学校の教員であった山本一(はじめ)が生徒とともに土佐清水市の加久見(かくみ)天満宮境内で発見して採集した奇妙な寄生植物を持ち帰り、牧野が検定を行った。その植物こそ、ミトラステモン・ヤマモトイ・マキノである。

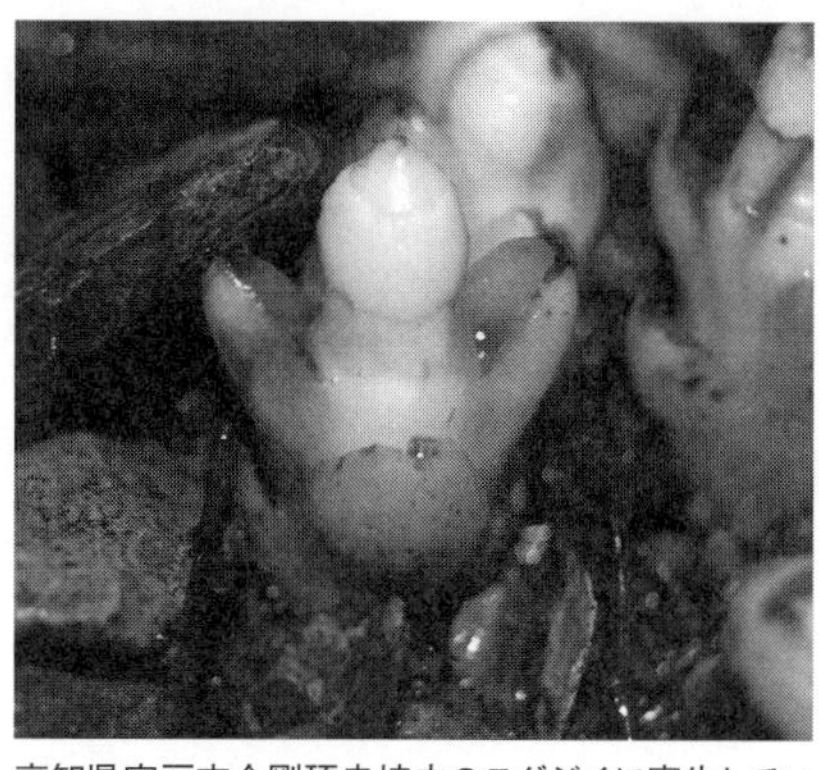

高知県室戸市金剛頂寺境内のスダジイに寄生しているヤッコソウ

この記念すべき発表論文は、和文の雑録として掲載されたものであるが、記載文だけ英語で書かれてある。これが新種としてのヤッコソウの原典である。このとき、牧野は、ヤッコソウは、ラフレシア科に属すると考えた。二年後、『植物学雑誌』第二五巻で、英語の論文にして詳細な形態の記載を与え、ヤッコソウ科という独立した新科を創設した。科の創設を行い、かつ現在でもそれが認められていることから、このヤッコソウ科の記載は、牧野のフロラ研究の中の最も輝かしい業績であろう。

日本人で現在でも認められる種子植物の科を記載した研究者は、東京大学の中井猛之進（たけのしん）と牧野富太郎くらいである。特に中井猛之進は、オオホザキアヤメ科やステグノスペルマ科、ヤチモクコク科、ギセキア科など複数の科の創設で知られているほか、その上のランクである目も提唱しており、セリ目（アピアレス・ナカイ）がそうである。

ヤッコソウは、ドイツの植物学者エングラーの分類体系ではラフレシア科に分類されたが、のちに遺伝子の配列情報を用いた分子系統解析によって、再び牧野が提唱したヤッコソウ科が認められた。このように、牧野が示した見解が、のちの研究者によって変更されても、最新の研究で再び牧野の取り扱いが妥当であるという結論に至るケースも意外に多い。そういうところに牧野富太郎の植物を見る眼の良さを窺（うかが）い知ることができる。

分類学的な研究は、そのもの自体の手法の進歩に加えて、その植物の生態などの他分野における知見なども加味して再検討されるものである。この意味で、それぞれのタクソンに与えられている学名は永久普遍なものではない。学名が変わることがあるのは、そういうことなのである。

ちなみに、ヤッコソウは、それ以前に明治一五年（一八八二）、田代安定がすでにその存在を見出していた。牧野は、『植物学雑誌』第二五巻の英語論文では、田代の標本を引用している。

台湾の植物研究を行った早田文蔵は翌年、台湾から同じヤッコソウ属でヤッコソウよりも大型の別種ミトラステモン・カワササキイ・ハヤタを発表した。しかし、これは日本で牧野が記載したヤッコソウの単なる変異であると考えられ、牧野によってヤッコソウの品種とされた。現在は、ヤッコソウの一変異として、ヤッコソウとして扱われることが一般的である。

牧野がつけた属名

牧野は、あとで紹介するシソ科の二属や、先のヤッコソウを含め、少なくとも二三の属をつくっている。なお、『植物研究雑誌』に発表したタケ・ササの学名の多くは記載がなく、正式に発表されなかった。これらヤダケ属やナリヒラダケ属などは、のちに中井猛之進によって記載された。

ラン科のヒメノヤガラという和名は、明治二二年（一八八九）に牧野富太郎がつけたものであるが、のちに前川文夫が、新属ヒメノヤガラ属（カマエガストロディア・マキノ・マエカワ）として、一九三五年にラテン語を用いて記載した。また、ニシキギ科のモクレイシ属（オテロデンドロン・マキノ）やクサスギカズラ科のケイビラン属（アレクトルルス・マキノ）、シダ植物のクラガリシダ属（ドリオモンタエニウム・マキノ）などをつくったが、いずれも現在では認められていない。

現在使われている牧野が発表した属は、ヤッコソウ属とシソ科の二属ヒメキセワタ属及びヤマジオウ属の他には、キンポウゲ科ヒメウズ属（セミアクイレギア・マキノ）、ナス科イガホオズキ属（フィザリアストルム・マキノ）、セリ科エキサイゼリ属（アポディカルプム・マキノ）、カンチク属（キモノバンブサ・マキノ）、柴田圭太と記載したササ属（ササ・マキノ・シバタ）、牧野が妻の名前をつけたスエコザサが属するアズマザサ属（ササエラ・マキノ）がある。現在使われている牧野が記載した属は、計一〇属となる。

属の設立は、牧野の日本の植物の分類研究にとって代表的な業績である。また、それは共通した植物がある中国やヒマラヤとも関係する。牧野が立てたカンチク属は、その後、同じ種が中国から見つかったり、中国でこの属の下で多くの種が記載されたりして、現在では三四種以上が中国からも知られるようになった。

属を設立したわけではないが、コケの属名の和名には、牧野が名付けたものがある。蘚苔類の分類学者で広島高等師範学校の堀川芳雄は、昭和五年（一九三〇）の『植物研究雑誌』第七巻第一号に「本邦ノ苔類「フロラ」ニ三属ヲ加フ」という論文を発表し、日本からノトチラス属を報告した。

このコケは、明治三年(一八七〇)ごろ、牧野富太郎が小石川植物園内で採集しており、アメリカの文献で調べたところノトチラス属であったという。牧野は、堀川の報文の後に次のように書いた。「[牧野富太郎云フ](中略)私ハ邦産品ノ和名ヲつのごけもどきトシャウト思フ。始メテ本種ヲ日本デ採ッタ私ハせめて和名ダケデモ親シク付ケテ見タイ感ジガスル」。そして、牧野の希望通り、現在でもノトチラス属の和名はツノゴケモドキ属と呼ばれている。

寿衛に献名した植物

牧野富太郎が好んだ植物にタケ・ササ類がある。明治三三年(一九〇〇)にフランスで開催された巴里(パリ)万国博覧会に、牧野はタケ・ササ類の標本を列品した。フランス語で書かれた『巴里万国博覧会出品目録』の日本の林産物の項目のうち、日本産竹類コレクションは東京帝国大学の牧野富太郎によることが記されている。

この『巴里万国博覧会出品目録』には、牧野が学名をつけて掲載したタケ類四七種類のリストが掲載されている。その中で一〇種類の学名は、この目録上で牧野が新たにつけたものと思われる。しかし、残念ながらリストのみで、その特徴を表す記載がないため、この出品目録上で提案された学名は、すべて無効である。

じつは、牧野が学名をつけた植物の種類はタケ・ササ類が非常に多い。新属も複数つくった。無効なものも含めれば、ササ属だけでも六〇以上の学名を発表している。タケ・ササ類は、牧野がこよなく愛した植物であることがわかる。

牧野のつけたササ類の学名の中で、一般に最も知られているのは、やはり妻寿衛の名を学名の種小名と和名の両方につけたスエコザサだろう。妻の献身的な支えによって、研究道楽を貫くことができたが、その疲労からか寿衛は若くしてこの世を去る。

牧野は、仙台で発見したササの仲間につける学名と和名を献名するとともに次の二つの句を詠んでいる。

家守りし妻の恵みやわが学び
世の中のあらん限りやスエコ笹

ササ・スエコアナ・マキノ。寿衛を愛称として寿衛子と呼んだ。この学名は昭和二年（一九二七）に妻がこの世を去った翌年に『植物研究雑誌』に発表された。その後の分類研究により属はササ属ではなく、アズマザサ属に移された。アズマザサ属(ササエラ・マキノ)も牧野が発表した新属であり、現在でも使われている。

牧野は、経済観念もなく、浪費家で、研究のために標本採集や書籍の購入にお金を費やし、生家の酒屋の財産も使い尽くしたことは有名である。そんな極限の貧窮した生活の中で献身的に夫牧野富太郎を支えた寿衛夫人に献名した植物が、なぜササだったのか。もう少し美しく可憐な花をもつ植物に名前をつけてあげられなかったか。おそらく、世の中の多くの人はそう思うに違いないが、寿衛が病床に伏したころ、牧野は日本産のタケ・ササ類の分類研究を精力的に行っていた。

そして、ここに述べたように当初スエコザサが属すると考えたササ属も、のちに移されたササエラ属も牧野自身が記載した新属だったのであるから、牧野としては自ら新しくつくった属に入る、日本らしい植物に妻への最大限の敬意を込めたのではないだろうか。

コラム3 ナチュラリストとしての側面

東洋大学の昆虫学者、大野正男は、ナチュラリストとは、自分の専門とする生物の分野以外の生物にも興味を示し、それらの著作があるかが一つの指標であるというようなことを著書に述べている。大野は牧野富太郎の動物学への関わりと影響について『牧野富太郎と動物』という書を著していて面白い。

確かに、牧野は植物に関する啓蒙書を数多く執筆しているが、中には動物を取り上げることもあった。例えば、「ゴキブリでは意味をなさぬ」は有名な随筆である。本来、ゴキブリは、「ゴキカブリ」というべきでゴキ（御器）は椀のこと、夜になると台所へ出没しては椀の残飯などを食い荒らすことからの名であることを説いた。

麴町に事務局を置いていた植物・動物採集会の機関誌『植物動物の採集』第二巻に「地獄虫」という随筆がある。これはよほど、幼少の牧野にとって衝撃を受けた出来事のように見えて、その後、『土佐の博物』と『村』という二つの雑誌にも寄稿し、さらに『草木とともに』という自伝にも再録されている。

これは佐川の金峰神社の境内の大きなシイノキの下でシイの実を拾って遊んでいたとき、落ち葉の下で無数の幼虫（蛆虫）が蠢いているのを見た経験談であるが、牧野は芋虫のようなものは得意ではなかったようだ。

　牧野のフィールドノートには、植物以外にもたくさんのスケッチがある。カメラがなかった時代はスケッチが重要な記録であったが、何をスケッチしていたかで、本人の興味の対象をある程度知ることができる。牧野は、海水魚のウミテングや甲虫のスケッチもしている。高知県の中村では、トウモロコシを干す風景、宿毛の小筑紫では、引臼のスケッチもした。

　牧野はそのときに、目に止まった美しい風景をことごとくスケッチした。野外の活動を最も重視し、スケッチや随筆でもいろいろな生き物を扱った。二二歳のときには、蝶や蛾の標本を採集したことからも、牧野はナチュラリストの性質を持ち合わせていたように見える。

　一方で、植物の保全や環境保全などについての執筆は見当たらず、おそらくさほど興味もなかったのだろう。標本にして永久に保存できるようにすることが重要で、あとはどうでもいいと思っていたのかもしれない。新種と思われる植物を見つけると他人に見つけられないように採り尽くして、地面を平らにして立ち去ることもあったというから、本人の言葉や行動にもそれが見てとれる。そのくせ、植木屋の乱伐を防ぐために雑誌に発表する際は産地は県のみを記すという考えも持っていた。他人には採られたくなかったのだろう。

人間は、愛情が深くなりすぎると、ときに独占欲というか支配欲のようなものが生まれる。牧野の植物への愛情も、一種の支配欲といえる性質をもっていたようにも思える。そもそも「名付ける」という行為は、一種の支配ともいえる。

少なくともタクソノミスト（分類学者）ではあってもエコロジストではない、牧野富太郎はそんなナチュラリストだったといえる。

第七章　記載された学名の数

牧野がつけた学名はいくつか

いよいよ牧野は生涯でいくつの学名を記載したかの答えを述べることにしよう。牧野の発表した学名の数を正確に知るためにすべきことは一つしかない。それは、これまで牧野が発表した論文やその他の著作を片っ端から調べて、そこに発表された植物の学名を拾い集めることである。

私は、『植物学雑誌』、『植物研究雑誌』、その他の雑誌、図鑑などから、牧野富太郎により記載された学名を網羅的に拾い上げてみた。その結果、牧野富太郎が記載した学名は、種に限らず、変種や品種などすべてのタクソンを含めると、種子植物は一五七一であった。

前にも述べたように、標本に基づいて詳細な記載を準備し、それを国際ルールにしたがって正式に発表してこそ初めて学名が与えられる。しかし、一五七二の中には学名の命名のルール、命名規約にしたがっていないものも多く含まれる。命名法ではルールにしたがわないで発表された学名（非合法名）は無効となり、存在しなかったことになる。これを裸名という。

牧野が、『牧野日本植物図鑑』や、『牧野植物混混録』、園芸雑誌『実際園芸』などに発表した学名はすべて無効な学名（裸名）である。このような学名を数えると二八二にもなる。したがって、実際に牧野富太郎が命名した学名は、一二七九となるのである。これに中池敏之と山本明が報告したシダの発表した学名九〇を加えると、牧野が生涯に正式発表した学名は、一三六九となる。つまり、「牧野富太郎は、生涯に一三六九（約一四〇〇）の学名を発表した」というのが最も正しいことになるだろう。

それでも、日本産の植物につけた学名の数では、日本人の分類学者の中で牧野が最も多い。学名の発表総数では、中井猛之進や早田文蔵のほうが多いはずであるが、それは朝鮮半島や東南アジアのものが含まれるからである。

現地名がなぜ重要なのか

牧野の時代はまた、西洋人によって記載された植物が日本で呼ぶところの何という植物かも照合させる必要があった。西洋人は日本語がわからないので、学名だけをつけたものが多い。そもそも学名がつけられる前から本草書に掲載されていたり、和名があったりするものがあるため、学名にそれらを当てはめていくという作業も必要だったわけである。地域的に呼ばれていた名前もあっただろう。

また、江戸期以前の文献に出現する植物の和名がどれに相当するかというような同定も必要なことがある。このような名実考には、方言のような各地の呼び名も重要な資料であろう。

牧野は雑誌『牧野植物混混録』の「植物方言の蒐集」で大正九年(一九二〇)ごろから全国の植物方言を集めていると書いている。しかし、牧野はすでに明治一四年(一八八一)の高知の南西部への採集旅行における事実上のフィールドノートにあたる「幡多郡採集草木図説」にも、ことあるごとに植物の各地方の方言を記録し、表紙には「方言記入スミ」と書いた。

表を作成し、上段に通名とし、下段に方言を記入したものもある。例えば、高知県南西部にある柏島を訪れた際は、通名イヌイタドリに対して柏島方言「ポンポン」、榕(あこう)に対して「アゴキ」などとある。他の手帳には、柏島でスケッチしたベンケイソウ科のタイトゴメの絵があり、その右下に「タイトゴメ　柏島方言」と記録されている。

それから約一〇年後の明治二四年(一八九一)、『日本植物志図篇』の中で新種としてセドゥム・オリジフォリウム・マキノを発表する。タイトゴメという和名があっても学名はまだなかったのである。和名は柏島の方言そのものを命名し、タイトゴメとした。タイトゴメとは、大唐米(たいとうまい)の方言名で、葉がこの米粒に類似していることに由来する。牧野が命名した学名の「オリジフォリウム」もまた、「米のような形の葉」という意味である。

ちなみに、牧野は大唐米そのものの学名もつけた。『実際園芸』で、オリザ・サティワ・インフェラ・マキノとした。インフェラとは、「劣る」という意味である。しかし、この学名も正式発表ではない。

牧野が記載した日本の植物

牧野が正式に発表した植物の学名のうち、属を変更したことによる組み替え名などでもなく、変種や品種を除いた現在でも認められて使われている種として記載した植物は何種あるのだろうか。すでにいくつかは見てきたが、それが最も牧野の記載学を評価するよい指標となる。

牧野が種として記載した日本産植物(シダを含む)で、いまもその学名が使われている植物は、二九八種に上る。つまり、約三〇〇種である。どんな科が多いかというと、イネ科が二七種で最も多く、次いでキク科二三種、スミレ科一六種、シソ科とラン科がそれぞれ一三種と続く。また、一九種はシダ植物である。沖縄県の八重山諸島で新芽を天ぷらや炒め物などにして食すオオタニワタリ(アスプレニウム・アンティクウム・マキノ)も、牧野が記載した。

キク科では、高知県で天ぷらなどにして食すハマアザミ(キルシウム・マリティムム・マキノ)やセリ科で海岸に自生するトサボウフウ(アンゲリカ・ヨシナガエ・マキノ)がある。同じセリ科のイヌトウキも牧野が明治二五年(一八九二)に『植物学雑誌』第六巻にイヌトウキとして学名を与えて新種であることを記したが、学名だけで記載がなかったため、正式に発表したのは、のちに日本のセリ科を研究した矢部吉禎(よしただ)である。

イネ科のほとんどはタケ・ササ類で、アズマザサ(ササエラ・ラモサ・マキノ)やイブキザサ(ササ・ツボイアナ・マキノ)などがある。ラン科は、高知に栽培愛好家が多いカンラン(キンビディウム・カンラン・マキノ)やキンセイラン(カランテ・ニッポニカ・マキノ)、コオロギラン(スティグマトダクティルス・シコキアヌス・マキノ)などである。

コオロギランは、ロシアのマキシモヴィッチに、標本とスケッチを送って意見を聞いたものの一つで、一八九〇年の返信書簡には、まったくの新属であることが書かれてあったほか、牧野の観察が素晴らしいことが書かれてあった。しかし、この翌年マキシモヴィッチは急逝(きゅうせい)する。コオロギランの学名は、『日本植物志図篇』で牧野が正式に発表したものである。

オオクサボタン(クレマティス・スペキオサ・マキノ)は、高知県の幡多郡から記載された日本のクレマティスの野生種で、四国と九州に分布する。本州に分布するクサボタンに比べると、葉が大きく、花の萼片(がくへん)(クレマティスの色付いた花弁のように見えるのは萼)が長く、先端があまり反り返らない。

ビロードムラサキ(カリカルパ・コチアナ・マキノ)は、「高知」の名前が学名についているおそらく唯一の種子植物である。矢田部良吉が、いまの高知県立牧野植物園があるあたりの五台山村で採集したものがタイプ標本の一つとなっている。

これらの植物は、よほど植物を趣味にしていない限り一般には知られていない。繰り返しになるが、誰もが知っている植物は、すでに西洋人によって記載されているのだ。在住日本人による地の利を生かしたきめ細かな野外調査で、西洋人が見落とした日本の植物を見つけてはきちんと記載したことが、牧野の業績なのである。

強いていえば、よく知られたものはキンモクセイくらいであろうが、これは品種レベルの話であり、ヤッコソウやコオロギランなどの偉大な業績があるのに、わざわざキンモクセイを取り上げるのは、植物学的に牧野を見ていないことになり、忍びない。牧野による植物の命名の業績を紹介するときに、一般的に知られているかいないかという基準で植物を選ぶべきではない。

海外調査をしなかった理由

牧野は、未発表の日本の植物を記載することに徹したため、海外調査に出向いたことはなかった。牧野が日本列島以外の地に調査に行ったのは、植民地時代の台湾と満州（現中国東北部）だけである。

明治二九年（一八九六）、東京帝国大学からの出張命令によりまだ学生だった大渡忠太郎、小石川植物園の園丁（いまでいう栽培技官）であった内山富次郎とともに台湾に植物調査に出向いた。一〇月二〇日、横浜より西京丸で神戸に出て、神戸から定期船小倉丸で台湾の基隆（キールン）へ入った。基隆、台北（タイペイ）、新竹（シンチュー）、淡水河（たんすいが）、澎湖島（ポンフー）、打狗鳳山（だぐほうざん）などを巡って、じつに一二月中旬まで調査を行った。当時は、治安の問題から、調査出張の前に横浜の鉄砲店で護身用にピストルを購入して持参したというから時代を感じさせる。

大渡は、この一連の台湾調査の詳細を翌年の『植物学雑誌』第一一巻に三篇にわたって『台湾植物探検紀行』として報告した。内容はほとんど紀行文であるが、熱帯・亜熱帯に分布する植物種で今日用いられている和名のいくつかはこの報告の中で提案され、現在でも使われているものがある。

例えば、アカバナ科の水生植物キダチキンバイ、ミソハギ科のホザキキカシグサ、アゼナ科のゲンジバナ、ヒルガオ科のホシアサガオなどである。他にシダのゼニゴケシダなどもある。

大渡忠太郎は、のちの第六高等学校（現岡山大学）の教授となる。牧野については、この台湾調査隊では、これといった学術的な成果は見て取れない。主な目的は、台湾の植物及び標本の収集だったと思われる。採集された標本は、のちに台湾の植物を研究した早田文蔵によって研究された。

一方、満州の調査は、サクラに特化して、かなり晩年に行われた。満州の標本は、多数、東京都立大学牧野標本館に収蔵されている。しかし、牧野が満州のサクラの研究をした形跡もほとんど見られない。

人生の分岐点

牧野富太郎の主要な分類学の業績は、先に紹介したヤッコソウを含めて、日本に産する植物のインベントリー研究を行い、一つひとつ精査して未記載の植物は記載し、西洋の研究者が学名をつけた植物がどれに当たるのか、そして既存の和名との照合を行い、それらの日本フロラ研究の知見を次々に世に送り出したことにある。

牧野の業績で特に分類学的に顕著だと考えられるのは、東京植物学会の機関紙である『植物学雑誌』に大正三年（一九一四）まで連載した一連の英語のシリーズ論文である。

それらは、『植物学雑誌』第一巻から第七巻までに発表した「日本植物報知（一）〜（二十）」、第一一巻から第一四巻までに発表した「新種若クハ未ダ普ク世ニ著聞セザル本邦植物」（英文）、第一五巻から第二八巻までに発表した「日本植物考察」（英文）である。

さらに、『植物学雑誌』第二九巻に発表した「一新属マツムレラ及びアジュゴイデス」

は、シソ科のヒメキセワタ属及びヤマジオウ属という二つの新属を記載したものであるが、この二属は現在でも認められており、ヒメキセワタ属は日本と中国に分布していて、ヤマジオウ属は日本固有である。

牧野は、ヒメキセワタ属の属名を松村任三に献名し、マツムレラ・マキノとした。『植物学雑誌』に投稿された、学術的に評価される論文の一つである。牧野が五三歳、大正四年(一九一五)のことだ。

このように、二七歳の時のヤマトグサの記載発表から、五〇代前半まで『植物学雑誌』に研究成果を発表していた時代が、牧野がアカデミズムの中で、学術的に業績を上げ第一線で活躍した時代であった。

のちに、東京大学から博士号を授与されるのも主としてこのときの業績による。牧野の時代は、日本でそれまで西洋人によって記載された植物の学名を検証しようにも、そのタイプ標本が日本国内にはなく、皆西洋へ持ち出されていたためにそれができなかった。

つまり、タイプ標本を見ることなしに、分類の研究をその学名が発表された発表論文の記載と図解(図解はないときが多い)だけを頼りに既知種や未記載種を識別することは、容易に海外のハーバリウムで調査ができたり、研究室に居ながらにしてデータベースでタイプ標本の画像を閲覧できる現在とは比較にならないほど不便な状況にあっただろう。それゆえに現在以上に分類の研究にはセンスが必要だったと考えられる。

しかし、このシソ科の二属を記載する論文を発表して以来、牧野は、『植物学雑誌』に論文を書かなくなった。翌年、牧野は及川智雄という知人の出資を受け、『植物研究雑誌』を出版し、そこに次々とアマチュアの植物研究家や学校教員向けの教育普及的な報文を掲載するようになる。

牧野富太郎の人生は、ちょうど人生の半ばをもって大きく前半と後半とに分けられることはすでに述べた。前半は、日本の植物相の学術的な研究で、東京大学を中心にその成果を学術雑誌に論文として投稿していた時代である。

そして、後半生は、土佐の少年時代から培われた野外での鋭い観察眼と標本収集、財産を使い尽くして蒐集した江戸の本草学から西洋の植物学までの膨大な数の文献から得た知識の一般への普及活動、学校教員の養成や全国の植物の趣味家や研究家への貢献、その集大成としての牧野日本植物図鑑の刊行と続く。

前半と後半の人生の分岐点が、この『植物学雑誌』から『植物研究雑誌』への転換期に相当するといえる。

『植物学雑誌』から『植物研究雑誌』へ

牧野富太郎が分類学の研究の第一線で活躍した成果のほとんどは、『植物学雑誌』に掲載されるシリーズ論文であることは先に述べた。

明治に入り、分類学から始まった植物学は、明治後期から大正に入ると、次第に植物生理学や形態学、解剖学、細胞学、生態学などの分野が発展し、『植物学雑誌』に掲載される論文も現象を扱う領域のものとなり、英語やドイツ語の論文が多くなっていった。

そうした中、牧野は大正五年（一九一六）、『植物研究雑誌』を創刊する。四月五日の創刊号は、三〇ページからなり牧野の記事一二編からなる完全に牧野富太郎の個人雑誌であった。この雑誌の創刊は、牧野の大きな転機を示している。雑誌の片隅には次のような文言が書かれてある。

「植物研究雑誌、ナンテムツカシイ名ダラウ、サレド其内容ハ欧文欄ヲ除イタ外ハソームツカシクナク主トシテ家庭ヨリ小学中学高等学校程度ノヤサシキ真面目ナ植物記事ヲ載セルコトニシテ居ル然シ折々ハ大学程度ノ塁ヲ磨スル記事ガナイデモナイカモ知レヌ、私ノ希望ハ成ルベク植物智識ノ普及ニ力(つと)メ且(かつ)植物趣味ヲ鼓吹シタイノデ是レガ今日此雑誌ノ主張デアル」

学術研究成果の発表の場であった『植物学雑誌』から論文の投稿を個人雑誌に切り替え

た牧野の選択には、おそらく先に述べたような学界の流れもあり、『植物学雑誌』に普及的な記事を投稿しにくくなっていたこともあったのではないかと思われる。

現に第三〇巻以降の『植物学雑誌』では、英文やドイツ文の論文が主流をなし、かつて牧野がこの雑誌にも投稿していたような一般普及的内容の記事はほとんどない。そして、牧野は『植物学雑誌』の編集には携わっていなかった。

さらに、牧野自身、誰にも縛られずに好きなことを好きなように書ける媒体を欲していたように感じられる。自叙伝で「この雑誌は、いわば私の道楽であった」と述べている。趣味は誰にも縛られずに楽しみたいものである。

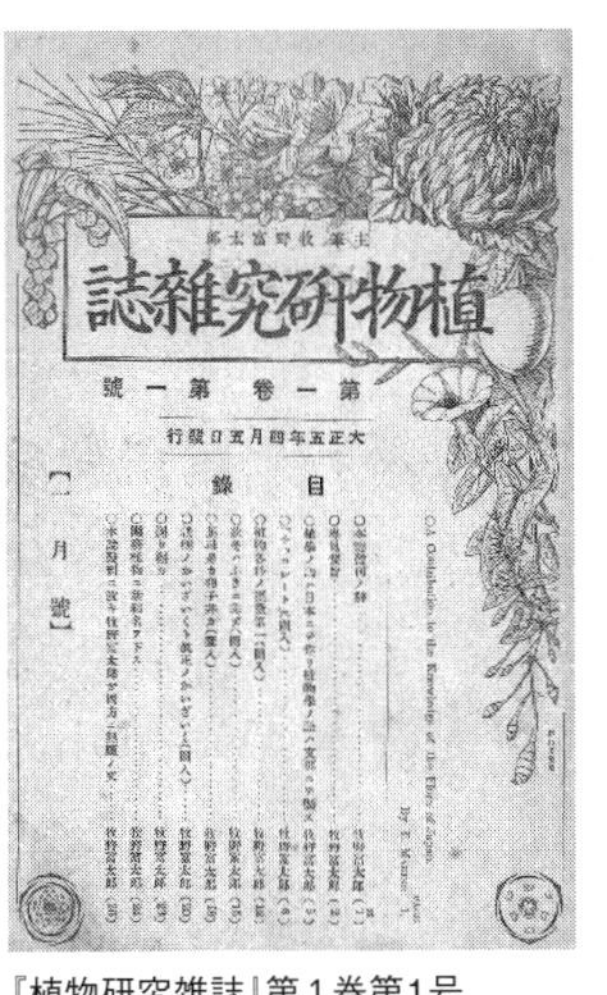

『植物研究雑誌』第1巻第1号

薬学者の朝比奈泰彦は、このときの牧野について、「植物学雑誌の内容は、漸次生理・形態・生態の方面にも発展し、分類学のために十分の紙面をもうけることが困難となると敢然として植物研究雑誌の自費刊行を実行に移され、（後略）」と述べていることからもそのような状況がわかる。

『植物研究雑誌』は、創刊号に続いて四月二五日には第二号、七月には第三号と精力的な刊行が続いた。第三号には、篠崎信四郎による「『バイブル』ノ植物」や名和昆虫研究所の長野菊次郎による「如何ナル昆虫ガ梅ノ花ヲ媒助スルカ」という記事に続いて、「plum ハ梅ニ非ズ」他、牧野の記事で占められている。また、同好会の報告類も「植物採集会の消息」などとして掲載された。

長野菊次郎は、明治三〇年（一八九七）に教員検定試験により植物科の師範学校の教員免許を取得し、大阪や岐阜の中学校教員を務めた。明治三三年（一九〇〇）には『植物学雑誌』に筑前（現在の福岡県北西部）の植物地理学的な分布論の研究成果を発表し、東京植物学会の懸賞論文として銀牌を受賞している。牧野富太郎と交流があり、大正六年（一九一七）の牧野の日記には、岐阜の長野の自邸を訪れ晩餐でもてなされたことが書かれている。それからまもなく長野はこの世を去る。

巻号を重ねるごとに牧野の記事が占める割合は減っていき、小泉源一、永沼小一郎、横浜植物会の久内清孝、松野重太郎、のちに『備中植物誌』を出版する吉野善介などが寄稿するようになる。出版費用の工面には苦難が続いたようであるが、こうして「植物智識ノ普及ニ力メ且植物趣味ヲ鼓吹シタイ」という牧野の希望通りの雑誌になっていったのである。

長野のように、教員検定試験を目指す教員には、同好会や普及教育書的な雑誌の存在は大いに役立ったであろう。牧野は、第八巻まで『植物研究雑誌』を主宰するが、日本植物図鑑の刊行の準備で多忙となり、その後、朝比奈泰彦が主宰を継承する。

牧野は、『植物研究雑誌』にも多数の学名を記載した。『植物研究雑誌』に発表した英文のシリーズ論文は、「日本植物新研究の発表」である。ただ、新分類群の記載については、標本を詳しく引用しないものが増え、タイプに当たる標本が一切示されていないものが多い。

また、野生種ではなく、栽培品種の学名をたくさん命名するようになったが、それらのほとんどは標本の引用がない。明らかに『植物学雑誌』の論文に比べると質が落ちているように見える。

しかも、牧野は初期のころの標本しか東京大学の標本室に収めなかったため、自宅で個人所有していた大半の標本は牧野の死後に東京都に寄贈されて整理されるまで、人の目に触れることはなかった。結果、多くの学名の基準となる標本を他の研究者が調べることも、検証することもできなかった。

牧野にはコレクターの性癖が示すように、独占欲が強い人物という印象がある。それは、生涯にかけて植物の「名前」に徹底してこだわり、終始一貫して学名や和名の命名を手掛け、全国を巡ってその普及に費やした姿勢からも垣間見える気がする。

最後の学名

一九三五年一月一日以降に発表された学名は、ラテン語の記載または判別文を伴わなければ、発表されたことにならないと述べた。このルールは、二〇一一年十二月三十一日まで続く。

しかし、牧野は生涯ラテン語の記載を書かなかった。つまり、昭和一〇年（一九三五）以降に牧野が発表した学名は、正式発表されたことになっていない。学術上発表されたことにならないため、科学的には存在しなかったのと同じことになる。

著者名に「マキノ」が、つく正式な学名は、昭和九年（一九三四）の発表を最後とした。このことはなぜかほとんど牧野についての著書には出てこない。牧野は、昭和一〇年以降、『植物研究雑誌』、『牧野日本植物図鑑』、雑誌『実際園芸』に多数の学名を発表している。特に、『実際園芸』に昭和一三年から一六年（一九三八から四一）まで連載した『園芸植物瑣談一～十六』の中だけでも、牧野は五〇ほどの学名を発表しているが、これらがすべて無効となってしまうのである。そこには、多くの花卉や蔬菜やイネの品種などの有用植物が含まれる。先に示した牧野が正式に発表した学名の数はこれらを減じたものである。

昭和一〇年以降の正式な学名の著者名にマキノがついているのは、著者名が小泉源一、本田正次、久内清孝などと共著になっているもので、ラテン語の記載を一方の著者が書いて発表されたものに限られる。

例えば、昭和一〇年の『植物研究雑誌』第一一巻第八号に本田正次が記載したハルナキバナウツギ(ディエルウィラ・サカイイ・マキノ・ホンダ)などである。これは現在ではシノニムとなり、使われてはいないが、正式に発表された学名である。

では、牧野が最後に正式に発表した学名は何だったのだろうか。昭和九年には、牧野は学名を発表していない。そうすると昭和八年(一九三三)ということになる。『植物研究雑誌』の第八巻第九、一〇号に「日本植物新研究の発表」としてイワキアブラガヤ(カレックス・ハットリアヌス・マキノ)などを発表した。しかし、これは昭和八年四月の出版である。

この年の一〇月に牧野は、『原色野外植物図譜』の第四巻を出版する。この『原色野外植物図譜』の第四巻には、現在ではいずれも使われていないが、オオニガイチゴ(ルブス・サガミアヌス・マキノ)、アオハダニシキギ(エウオニムス・ナカムラエ・マキノ)、イズイチゴ(ルブス・イズエンシス・マキノ)、ヤエザキカジイチゴ(ルブス・トリフィドゥス・セミプレヌス・マキノ)、テリハノツクバネウツギ(アベリア・セラタ・ルキダ・マキノ)の学名を発表した。

オオニガイチゴとアオハダニシキギ以外は、先に紹介した学名の国際インデックス「IPNI」でも拾いきれていないが、これらこそ牧野が生涯のうちに正式発表した最後の学名である。意外なことかも知れないが、牧野の学術的な学名の命名は、昭和八年で終止符が打たれたということである。牧野七一歳のときであった。

だが、ここで疑問がよみがえってくる。なぜ、記載分類学を専門とし、『植物記載学』という教科書も執筆した牧野富太郎が、記載に必要になったラテン語を書かなかったのだろうか。ラテン語が得意でなかったのか、命名規約を知らなかったのか。それとも牧野らしく、誰かが決めたルールにはしたがわず、マイルールで我が道をゆくポリシーだったのだろうか。

いずれの可能性もゼロではないので、いまとなっては知る由もない。考えられることは、この時代には、牧野はすでに第一線の研究活動からは退いていたということである。

コラム4 牧野が命名した海外の植物

以前、東京の谷中(やなか)に池波正太郎も訪れた甘味処「愛玉子(オーギョーチイ)」という店があった。残念ながら今はもうないが、昭和九年(一九三四)創業の老舗で、台湾の伝統的な冷菓「愛玉子」を出す専門店だった。

愛玉子は、台湾および中国南東部に自生するクワ科イチジク属のつる性植物、アイギョクシイタビの種子からできるゼリーで、シロップをかけて食す。このアイギョクシイタビこそ、日本列島以外の植物で牧野富太郎が学名と和名を命名したものである。

この植物の種子を水の中で揉むことにより、種子に含まれるペクチンが溶出して、ゲル化する。このゼリーを「愛玉凍」といい、シロップなどをかけて食べるし、昔は台湾では主食にもしていたという。牧野は、明治三七年(一九〇四)発行の『植物学雑誌』の第一八巻第二一五号にこの種を記載した。では、牧野が台湾の調査でこれを見つけたのだろうか。

雑誌『サライ』のウェブ版に「台湾で『愛玉』オーギョーチーを見つけた日本の植物の父牧野富太郎」という見出しがあった。そこには、牧野が東大の出張で台湾に調査に行ったことが紹介されており、それに続いて「台湾中南部・嘉義(かぎ)で標本を採集した植物が、明治三十七年に新種の植物として報告されている」とあった。しかし、これは大きな間違いである。

牧野は、確かに明治二九年（一八九六）に台湾に植物調査に出かけている。しかし、このアイギョクシイタビは、牧野が採集したものではない。記事には、「牧野が台湾で見つけた愛玉」という見出しであるが、見つけたのは牧野ではなく、博物学者の田中芳男である。

牧野が学名をつけるにあたって参照したのは、台湾嘉義庁打猫東頂堡生毛樹庄で田中芳男が明治三七年に採集した一枚の葉である。アイギョクシイタビのタイプ標本は、現在は東京都立大学牧野標本館に収蔵されている。しかし、『植物学雑誌』の発表論文を見ると、記載文の約半分は葉の特徴であるが、花の記載や図もある。当時は花の一部が標本にあったが、その後なくなってしまった可能性もある。

いずれにしてもアイギョクシイタビの学名発表についての経緯を正しておきたい。

第八章　植物図へのこだわり

もう一つの偉大な業績

牧野のもう一つの偉大な業績として知られるのは、何といっても日本の植物図のレベル向上に貢献したことである。

新種を発表するということは、著者がその植物の姿形を言葉で描写することである。その植物がどういう植物であるかを理解するためには、言葉での表現からその植物の形態が眼に浮かぶ必要があるのだが、必ずしもうまくはいかない。複雑な形態を用語だけの描写で表現し尽くすことも難しいが、それ以上に著者によって同じことを示す表現に違いが出ることはザラである。それはまた、時代によっても異なるだろう。

いまいち判然としないときは「バック・トゥ・ザ・フューチャー」ならぬ、「バック・トゥ・ザ・タイプ」である。つまり、分類学者は常にタイプへ戻って考えなければならない。しかし、タイプ標本とともに記載文を補完する重要な要素がある。それが植物図(画)である。

一八世紀から一九世紀にかけてのヨーロッパでは、植物学的にレベルが高く、緻密で正確な美しい植物図譜が次々と世に送り出された。見開きの片側のページに植物図が描かれ、もう一方のページにはその植物の分類と学名、そして形態の特徴、類似する種類からの見分け方、開花の時期や育て方など、つまり「記載」が掲載された。

彩色画が、その種の特徴となる器官の解剖図を伴っているものが多いのは、植物学のために描かれたものであることを示している。ウィリアム・カーティスの『ボタニカル・マガジン』とシデナム・エドワーズの『ボタニカル・レジスター』は、当時の植物図譜で構成された植物雑誌の双璧をなすものである。

現在では、植物調査のフィールドでの記録は、カメラによる写真画像が主流であるが、カメラの普及していなかった牧野の時代は、スケッチが重要な記録手段であった。牧野が残した明治一八年(一八八五)の手帳には、土佐南西部の植物調査行の際にスケッチした柏島の風景やウミテングなどの磯辺の魚から、お遍路(へんろ)さんの休憩所である遍路小屋まであらゆるものがスケッチされている。

記載としての植物図とは、その種の特徴を表現した記載文を補うように緻密に正確に描かれたものであり、その植物の解釈を助ける図解である。したがって、アートとこのような植物図の違いは、その絵を見て「種」が同定できるかどうか、ということになる。

英語では「ボタニカル・イラストレーション」という。中央に描かれた個体の周囲に配される分解図は、まさにその種の類似している種からの区別点になるようなもの、特徴的な部位などにスポットライトを当てて紹介するものである。

現在では、カメラの性能が向上し、高解像度で拡大写真がフィールドで撮影できる。では、写真は植物図に取って代わったのであろうか。答えはノーである。近年の新種の発表論文を見ても、その大半は植物図を伴っている。植物図は、ある植物が一番類似している植物の種類と、どこがどのように違うのかを読者に自由自在に見せることが可能な、優れた記載の補助ツールである。

論文におけるその地位は、写真に譲るようなものではなく、今後も記載論文の記載を補う図版として、欠かすことができない要素であることに変わりはないだろう。

画家フィッチから受けた影響

牧野は一〇代のころから、さまざまなものをスケッチしていた。一三歳ごろに文部省が刊行した川上寛編訳の『西画指南』を知人から贈られたという。『西画指南』には、西洋画の図が教材としてそのまま掲載され、その描き方が詳しく解説してある。

前編はスコットボルンが一八五七年にイギリスで執筆した西洋画法の一般的なテキストの和訳であり、花や葉の描き方も説明されている。牧野が「土佐植物目録」を作成しようとして歩いたフィールドでのスケッチにも少なからず影響していたのではないかと思われる。現に明治一八年(一八八五)の野帳にスケッチされている柏島のタイトゴメや幡多郡小石村でスケッチしたマンネングサには、西洋画のような陰影もつけられ、茎も葉も立体的

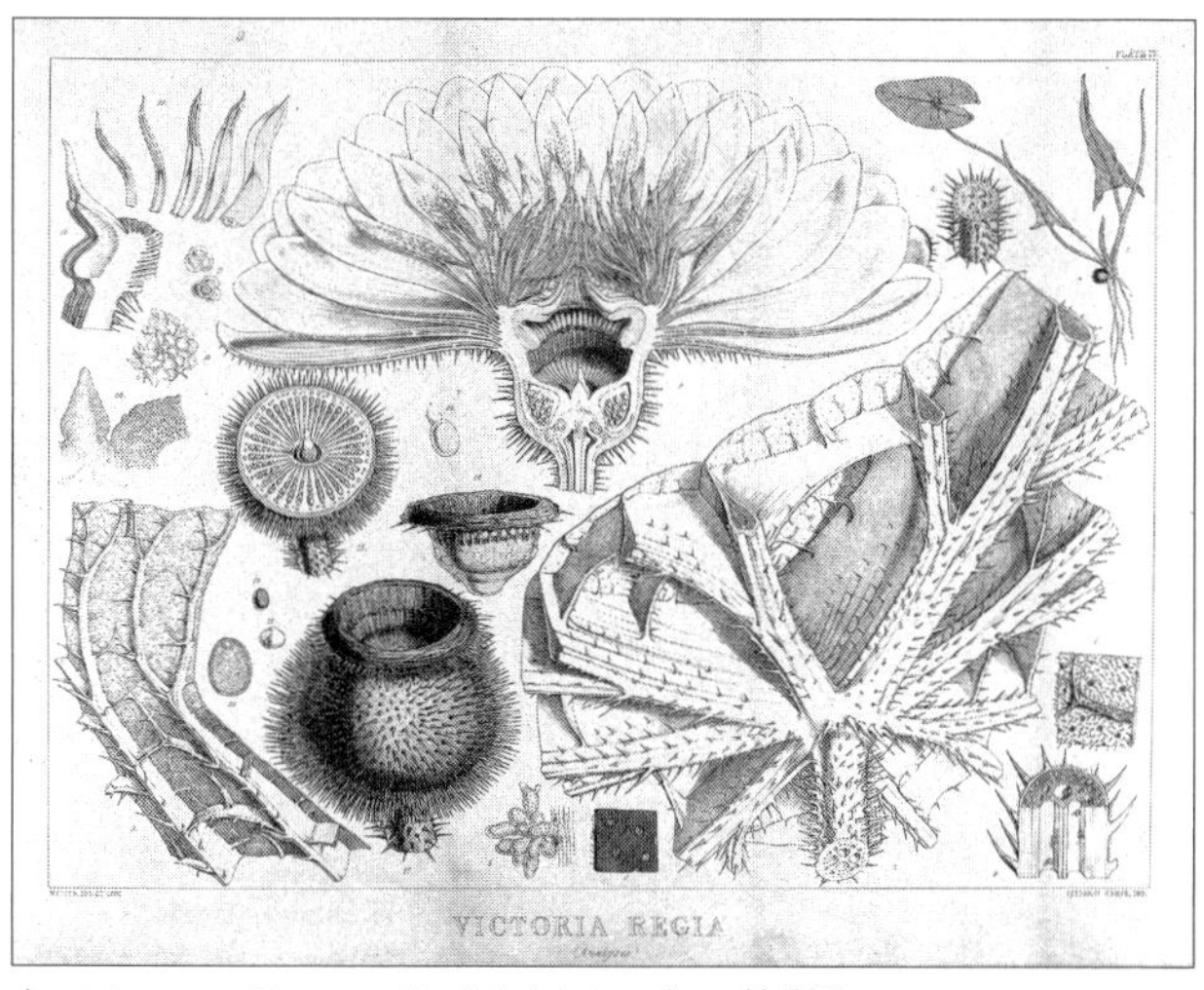

ウォルター・フッド・フィッチによるオオオニバスの植物図
（*Victoria Regia* : or, Illustrations of the Royal water-lily, in a series of figures chiefly made from specimens flowering at Syon and at Kew by Walter Fitch; with descriptions by Sir W.J. Hooker. 1851）

に描かれている。

小型の手帳に小さく文字を書き、風景や動植物をスケッチしていることもあった。上京したのち西洋の植物図に多く触れることにより、牧野の描画技法や能力が向上したと一般的に考えられている。

牧野の植物図に対する考えの根底には、常に西洋のボタニカル・イラストレーションがあったと考えられる。特に、スコットランド出身の画家で、植物図の名手とされたウォルター・フッド・フィッチにはかなり影響を受けたと考えられる。フィッチは、『ボタニカル・マガジン』の主任の絵師を四三年間も務め、九〇〇〇の植物図を描いたとされる。

ロンドンのチェルシー薬草園の主任を務め、薬剤師だったウィリアム・カーティスは、一七七九年にチャリング・クロスに近いテムズ川南岸のランベスに自らの庭園を造り、そこに六〇〇〇種類もの植物を植え、すべてリンネの最新の分類法による学名をつけていたとされている。

そのランベスの植物をはじめとして、リトグラフで印刷した図版すべてに手彩色を施した植物図譜として出版した雑誌『ボタニカル・マガジン』は、一七八七年二月一日に創行され、現在までじつに二三〇年以上も刊行が続く最も有名かつ長寿の雑誌となった。

『ボタニカル・マガジン』は、カーティスの死後、知人の植物学者ジョン・シムズが編集を引き継ぎ、誌名は『カーティス・ボタニカル・マガジン』となり、さらにシムズのあとは英国王立キュー植物園の園長ウィリアム・ジャクソン・フッカーが引き継ぐことになった。そして、彼はフィッチに多くの植物画を描かせた。牧野は、カーティス自身の編集による第一巻から第四巻や、フッカーが編集したシリーズを私蔵していた。

なお、日本にも牧野が西洋のボタニカル・イラストレーションに匹敵すると称賛した博物画家がいた。関根雲停(うんてい)である。牧野は、雲停について、次のように絶賛している。

「植物写生の達人にして前を空くして其技同人に及ぶものあるを見ず、其軽妙にして神に入るの筆、覧る者をして真に感歎措く能はらざらしむ、彼の英国の有名なるフィッチ氏に匹敵し、実に植物写生界東西の双璧と称すべし」

植物図に対する考え

牧野は、明治四二年（一九〇九）に易風社から発行された雑誌『趣味』の第四巻第一二号に「植物学者の眼に映じたる展覧会の絵画」という随筆を寄稿し、日本の植物図のレベルについて、植物学的なことを考慮しないで描かれていると嘆いている。

その中で牧野は、次のように述べている。フィッチの絵も念頭にあったことだろう。

「その点に至ると西洋の絵は至れり尽せりである。僅か五六十銭を出ぬ石版刷の植物の絵などでも、幹や枝は勿論の事花の雄蕊雌蕊若しくは蕚というような些細な点に至る迄植物学上毫も批難するの余地がない」

その理由として、「かくの如きは彼の地にあっては、一般の科学的知識が進んで居るので、一寸間違っても直(ただち)に批難させらるる結果画家が筆をとるに際し細心な注意を払う為と思われる」とした。

また、最後に次のように締めくくった。

「我国に於いても今後教育の普及と共に一般の科学思想は漸次発達し今日にあっては専門家を待つに非んば知るを得ざるような事を走卒児童でさえも一見して直に了解する如き時代が必ず来る」

ここに牧野の植物図に対する考えを見ることができる。先に紹介した『カーティス・ボタニカル・マガジン』のように、一八世紀から一九世紀にかけて西洋で出された、植物学的にレベルの高い、緻密で正確な美しい植物図譜は、科学的な見地と観察眼を持ち合わせた優秀な画家と植物分類学者とのコラボレーションによってはじめて完成するものである。しかし、描画の優れた才能をもつ牧野は、それを一人で成し遂げたわけである。代表的な植物図譜であるイギリスの『ボタニカル・マガジン』や『ボタニカル・レジスター』の図解は、毛の状態や子房の断面など細部の解剖図などを伴って、種の同定ができるレベルまで描きこまれている。

このような描画は、サイズ比を精密に再現することや細部の形態において科学者に匹敵する観察眼を備えていてこそなせる技である。日本でもよく栽培されるハエトリグサの葉の内面には、昆虫を捕らえるために虫の動きを感知する感覚毛という毛が生えているが、この毛の存在に初めて気づいたのは、画工であり、『ボタニカル・レジスター』の発刊者だったシデナム・エドワーズといわれている。

つまり、植物学的な絵を描くには、植物を詳細に観察することが必要になる。天性の絵の才能を有した牧野は、ほぼすべての日本産植物を図解しようとした。その過程でさらに彼の植物の細部における観察眼に磨きがかかったものと思われる。

『日本植物志図篇』と『大日本植物志』

牧野の日本の植物図における業績とは、天性の画才と優れた観察眼によって、緻密で植物学的に正確な科学的植物図を確立したことであったといってよい。

それは同時に、それまでの我が国の本草学における、立体感がなく陰影などもない平面的な植物図を、西洋のボタニカル・イラストレーションのレベルにまで一気に引き上げ、また超越することでもあった。牧野が絶賛したスコットランドのフィッチをも明らかに凌ぐ植物画を、牧野は上京してわずか五、六年で確立したのである。

牧野の思いの中には、国のために日本の植物を日本人の手によって研究し、それをこれまで日本の植物研究を主導していた西洋の学者に見せつけたい、といった健気な感情が常に流れていたように感じられる。

それは、ことあるごとに「国のために」と述べていたことに加えて、先に紹介したさまざまな雑誌に寄稿した牧野の数多の随筆の端々からも感じ取れる。そして、明治二一年（一八八八）一一月、自ら石版印刷の技術を習得して印刷した『日本植物志図篇』第一巻第一集が刊行される。

同郷の寺田寅彦に依頼して、故郷土佐の新聞「高知日報」、「土陽新聞」に『日本植物志図篇』の広告を掲載した。『日本植物志図篇』の最初を飾ったのは、ジョウロウホトトギスだった。他にヒメドコロやツルギキョウなどが掲載された。明治二三年（一八九〇）に発見したムジナモの詳細な図解を『植物学雑誌』第七巻第八〇号の「日本植物報知」に掲載したが、この『日本植物志図篇』にも再掲した。

西洋では、縦が五〇センチ以上ある大型の植物誌が多数出版されていた。ジェイムズ・ベイトマンの『メキシコとグアテマラのラン』（一八三七〜一八四三年）やジョセフ・ダルトン・フッカーの『シッキム・ヒマラヤのシャクナゲ』（一八四九〜一八五一年）、また、よく一般に知られるルドゥーテの『バラ図譜』（一八一七〜一八二四年）もフォリオ版で描かれた大型本である。

牧野は、日本でも大型の図譜を出版しようとした。牧野の植物図の傑作は、なんといっても明治三三年（一九〇〇）から刊行した『大日本植物志』であろう。わずか第一巻第一集から第四集までで終わるが、「『大日本植物志』こそ私の腕の記念碑であると私は考え」と述べていることから、牧野にとっても入魂の作だったことがわかる。『大日本植物志』の牧野の植物図は、緻密さ、精密さ、構図の美しさ、どれをとってみても他の追随を許さない素晴らしいものである。

牧野の図解は、とてつもなく緻密である。以前にＮＨＫで「８Ｋで体験！　牧野植物ふしぎ図鑑」という番組が放映された。牧野の植物図を超高精細画像で見るという番組だった。『大日本植物志』のチャルメルソウの図であったが、一ミリ程度の空間に数本もの線が描かれてあった。眼がよくなくてはこういう図は描けない。

牧野は生まれつき眼がよく、そのせいか小さい字やスケッチを書くのが得意だったようだ。縦一〇センチ、横六センチほどの小さな手帳にびっしりと日記を書いていたこともあった。細部の形態を観察するにも当時は、顕微鏡の精度もいまほどよくなかったであろう。牧野の人間顕微鏡ともいうべき超人的な眼のよさと生まれもった画才、優れた構図デザインのセンスはおそらく右に出る者がいないレベルだっただろう。

『大日本植物志』第１巻第３集

これらの植物図譜は、日本のフロラの研究に付随して、日本における植物図のレベルを飛躍的に向上させた偉大な功績である。また、図の精度の高さから日本の研究水準がいよいよ西洋に近づいたことを世界へ向けて発信したことになり、そこには牧野の、日本人もやればできるということを西洋に示したいという強い意志が感じられる。

牧野式植物図の特徴

牧野富太郎は、「ボタニカルアーティストであり、ボタニストである」というように、ボタニカルアーティストであることを前面に出して紹介する西洋の文献を見たことがある。

先に紹介したような緻密さや図の構図の巧みさで群を抜く牧野の植物図を見れば、そう捉えられても不思議ではない。牧野の植物図は、徹底的な観察による植物学的視点と画家としての才能を融合させた素晴らしいものである。いずれも植物誌や図鑑のために描かれたものであるため、彩色図は少ないが、それだけに細部の植物の形態をより鮮明に見ることができる。

牧野の数少ない彩色図の一つにランの仲間であるホテイランがある。次ページのホテイランの植物図は、非常に牧野らしい描き方をしている。中央にはやや横向きにつく花とともに全体像を根から描いている。その左では、斜め後ろから描くことで花の後ろ姿と葉の裏面を見せる。右側は花の正面と葉の水平面である。これらの三つは一見すると一つの個体をクルクルと回しながらそれぞれの角度で描いたように見える。

　しかし、よく見ると根の形状がすべて違うのである。つまり、牧野は三方向から一つの個体を描いたのではなく、三つの個体を描いていたのである。それに加えて中央やや下にも一個体、右端には果実の時期の個体がさらに描かれ、少なくともこの一枚の図には五個体ものホテイランが描かれている。これは、幕末から明治にかけて活躍した博物画家である関根雲停のホテイランの描き方に影響を受けたように感じられる。

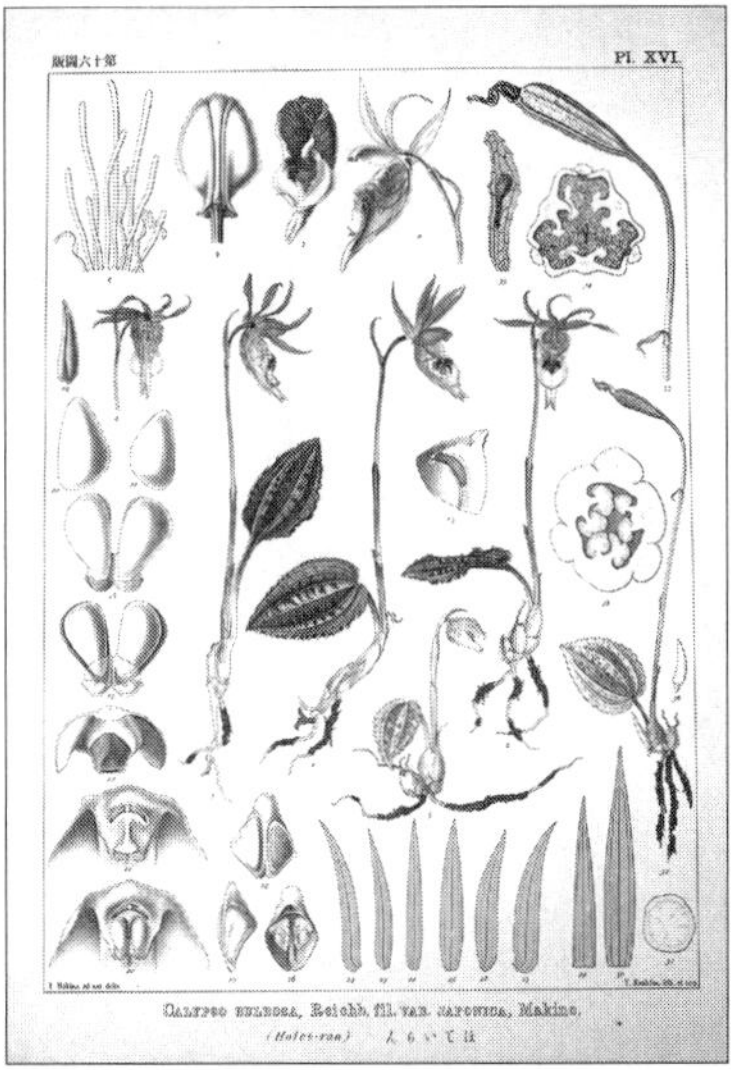

　牧野がいくつもの個体、そしていくつもの生育段階のものを観察し尽くし、ホテイランというものを描き切ろうとした意気込みが感じられる。牧野自身、こういう描

『大日本植物志』第１巻第４集に掲載されたホテイランの図

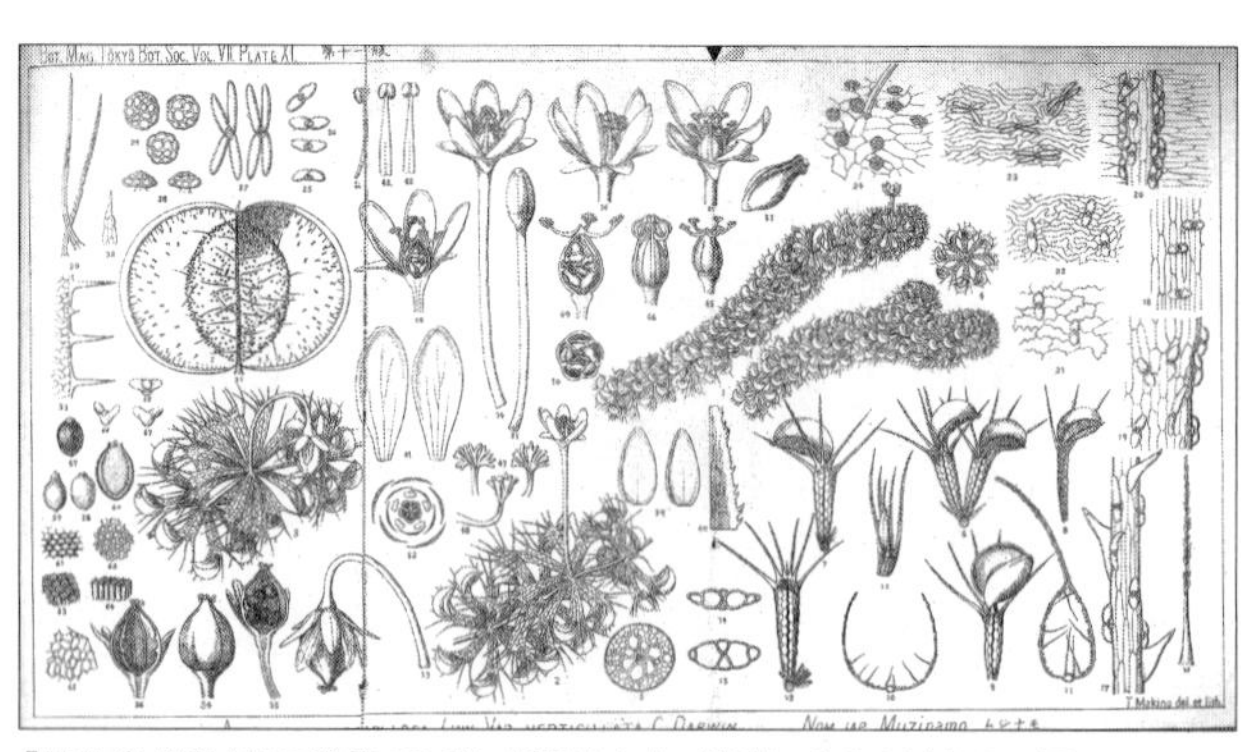

『植物学雑誌』第7巻第80号に掲載された、牧野によるムジナモの図

き方をしなければならないとも述べている。この植物はこういうものだ、と植物図が主張しているような図である。自分なりの考えのホテイランという「種」を描いているのである。

また、フィッチの水生植物の植物画を彷彿（ほうふつ）とさせる牧野のムジナモの図は、その緻密さや部分図の配置などは感心するほどで、植物図として明らかに傑作の部類に入るであろう。

「牧野式植物図」というものが、きちんと定義されているわけではないが、平成二四年から二五年（二〇一二〜一三）にかけて牧野富太郎生誕一五〇年を記念して高知県立牧野植物園と国立科学博物館の共催で開催された「植物学者牧野富太郎の足跡と今」という企画展の中で、このような図を「牧野式植物図」と呼ぶようにした。しかし、分類学的な研究では、通常は一つの個体を描くことが多い。

植物の学名は、その学名の著者が示した一つの標本を基準としてつけられるということが国際ルールであることは前に述べたとおりである。では、牧野のホテイランのように複数の個体を一枚の図に描くことは好ましいだろうか。同じ種だと思って描いた五つの個体のどれかが違う種であったらどうだろう。一枚の図に二種の植物が混同されて描かれていることになり、人工的につくられた種となってしまう可能性がある。学名の基準を一点の標本にすることも通常一個体を元に図解が描かれるのもそういう理由のためなのである。

全体図の周囲に部分図を配置するのは、記載としての植物図の常套であるが、部分図の役割には、さらに細かい部位をわかりやすく拡大して示すという意味合いの他に、類似した別の種類との違いの部分を浮き彫りにして見せるという大きな意義が存在する。それを考えれば、牧野の植物図は、部分図を描きすぎである。

特徴を表すのに、類似する種と特にどこが違うのか、どのような形質がその種ならではなのか、に着目して自在に示すことができるのが植物図の写真より優れるところである。牧野のホテイランやムジナモのように、すべての部位を網羅的に余すところなく描き切ってしまうと、逆にその種の特徴がぼやけてしまうことは否めない。

人間は同じホモ・サピエンスという種であるが、日本人とドイツ人では顔つきが異なる。植物も同じ種で、それが生育している地域、環境などによって顔つきが異なる。それが種内の変異の幅である。牧野図鑑に掲載されている植物図は、その種の典型的な姿を描こうとしている。

図鑑では、一般の人がその図解を元にして植物の種類を調べるわけだから、典型的な中間の姿が描かれているほうがわかりやすく使いやすい。牧野の図は、同種の異なる個体をいくつも参照して描かれているため、その個体の特徴というより、その「種」の概念的な図になっている。この点からも牧野富太郎の植物図は、図鑑的と呼べるのである。ここにもう一つ牧野式植物図の特徴としてこのことを加えたい。

ウォードの箱と「活かし箱」

ところで、牧野は、生きた植物から植物図を描いたり、観察したりする際、採集した植物を長持ちさせ、植物が萎(しお)れるのをなるべく防ぐために木枠のガラスケースに花瓶コップごと入れて描画を行った。これが、「活かし箱」と牧野が呼んだケースである。

『趣味の植物採集』(昭和一七年、一九四二)で、自身が発明したことを、その図とともに紹介している。しかし、この図を見たときに、私の頭に真っ先に思い浮かんだのは、中世ヨーロッパで、画期的な発明をしたナサニエル・バグショー・ウォードであった。

一九世紀、海外への渡航が活発になると、園芸家や、植物のハンティングを専門とするプラントハンターが各地へ出かけ、これまで見たこともないようなエキゾチックな植物たちがヨーロッパにもたらされた。氷河期に絶滅したヨーロッパのフロラは乏しく、海外の多様で美しい植物はヨーロッパの人々を魅了した。イギリスでは、冷涼な気候の庭園で育てることができる植物を盛んに探したが、それらはプラントハンターたちの功績が大きい。つまり、「ハーディー」と言われる耐寒性のある植物の探索である。

　そればかりではない。資源の乏しかったヨーロッパにとって熱帯地方からの植物資源の導入は重要であった。頻繁に植物を運搬する必要があった。しかし、世界中から珍しい植物を導入することは、航海時代であった当時は並大抵のことではなかった。船上で苗が塩害に見舞われ、枯死するケースが多かったのだ。

「活かし箱」（『植物学講義』より）

　これを解決したのは、ロンドンの町医者だったナサニエル・バグショー・ウォードが考案した「ウォードの箱（ウォーディアンケース）」というものだった。ウォードは、植物や昆虫に興味を抱いていた。ある日、彼は密閉したガラスケースに土壌を入れ、蛹(さなぎ)を飼育したところ、土壌から植物が発芽し成長することに気づいた。密閉されたガラス容器の中の植物が、容器内の水循環によって長く生き延びることができた。これこそが、海外から植物の苗を船上で塩害から守りつつ、長い航海を耐えて到着地まで活かすための箱の発明原理だった。

ガラスを使ったいわば小型木枠ケースといえるウォードの箱が植物の運搬に使える可能性を検証するために、一八三三年にシダなどを詰めてイギリスからオーストラリアのシドニーまで運搬する実験が行われた。この成功により、長い航海による植物の運搬にガラスケースが使えることがわかったのだった。

そして、ニュージーランドからイギリスまでウォードの箱での植物の運搬を最初に行ったのは一八四二年のことだった。植物を活かすための箱にどれほどの価値があるのかと思

チェルシー薬草園に展示されるウォードの箱

われるかもしれないが、この箱の考案は園芸史上に残るもので、この箱ができるまでは「プレウォーディアン時代」と呼ばれるほど、植物の輸送に貢献した。

天然ゴムの原料になるブラジル原産のパラゴムノキのイギリスや東南アジアへの運搬、マラリアの薬となったアカキナノキ、そして、イギリスの紅茶産業のもとになったチャノキの中国からインドへの導入など、重要な植物の移送に活躍した。

現代の私たちは、コケやシダなどをテラリウムと呼ばれるガラスケースで育てる。インテリアとしても人気があるが、このテラリウムこそ、ウォードの箱を起源としている。牧野富太郎が発明したといわれる「活かし箱」は、木枠のガラスケースの中に水の入ったコップや花瓶などを置き、そこに植物をさす。つまり、密閉されたガラス容器の中の植物が、容器内の水循環によって湿度が保たれ、元の状態が長く保たれる。これこそ、ナサニエル・バグショー・ウォードが、一八〇〇年代初頭に気づいた原理だった。

牧野が所蔵していた園芸雑誌『ガーデナーズ・クロニクル』には、さまざまな形状のウォードの箱が紹介されている。牧野は自身でも記しているようにこのウォードの箱にヒントを得た。いずれにしても「活かし箱」は、「ウォードの箱」そのものであり、そう呼んでも差し支えないものである。

植物図の継承

現在でも分類学の研究や論文に欠かすことができない植物図は、たいてい研究者の指示のもとで画家が描く場合が多い。新種の発表論文には必ずといっていいほど記載文の解釈を補う植物図が描かれ、それを描いた画家への謝辞が書かれている。

特に、研究では生きた植物から描く場合は少なく、乾燥した標本から描かなければならないため、標本から描く際の観察手法と描画技法を要する。西洋の植物図譜の時代から分類学者と画家はいわば分業体制を取ってきたわけだが、植物図の名手であった牧野富太郎もまた例外ではなかった。

牧野富太郎は、自ら画家顔負けの植物図を描くことができた数少ない学者の一人であった。『日本植物志図篇』や『大日本植物志』などでは、自ら植物図を描いていた。しかし、多忙を極めるようになってからは、次第に植物画家に描かせるようになる。

牧野に見出され、植物図の才能を開花させた画家に山田壽雄（としお）がいた。『牧野日本植物図鑑』の植物図は、牧野のほか、主に三人の画家によって描かれた。山田壽雄、水島南平、そして木本幸之助である。『牧野日本植物図鑑』の図の多くは山田が描いたものである。

山田は、牧野が最も信頼を置いた画家であり、牧野自身から画法の指導を受けていた。大正から昭和初期にかけて、牧野ばかりではなく、他の分類学者のためにも多くの植物図を描いた。中井猛之進と小泉源一の『大日本樹木誌』の図も描いている。残念なことに『牧野日本植物図鑑』が刊行された翌年、山田壽雄は五九歳で死去する。

日本のボタニカルアートの先駆者だった太田洋愛(ようあい)も、牧野富太郎から画材を贈られ、間接的に指導を受けた画家の一人である。太田が描いたホテイランの彩色図は、牧野の描き方に似ている。サクラ研究の第一人者だった川崎哲也も牧野の植物図に影響を受けた。宇都宮農林専門学校(現在の宇都宮大学農学部)在学中の昭和二二年(一九四七)ごろから牧野富太郎に師事し、植物図の描き方の教えを受けた。埼玉県浦和の中学校教員を務める傍らサクラの研究に打ち込み、『サクラ図譜』を出版した。

川崎哲也が研究に用いた標本は、大井次三郎により整理されて、国立科学博物館に収蔵される。東海地方の植物研究に貢献した井波一雄は、『日本スミレ図譜』、『広島県植物図選』などの著作に多くの優れた植物図を残した。『牧野日本植物図鑑』の植物図を描いた一人、水島南平は岡山県出身の画家で、植物画のほか、横山桐郎の『日本の甲虫』や『虫の絵物語』の昆虫画や鳥類図鑑、学術論文、教科書などにも絵を描いた博物画家である。

このように、牧野富太郎と彼の描いた植物図は、後世の多くの画家や植物研究家に影響を与えた。今後もその弟子たちによって連綿と受け継がれていくに違いない。ここにもまた牧野が残した足跡を見ることができる。

第九章　教育者という選択

新たな生き方へ

牧野富太郎の生涯は、ややもすれば植物の研究一徹であったかのように捉えられることが多い。しかし、先に述べたように『植物学雑誌』にシリーズ化して発表していった日本のフロラに関する本格的な学術論文は、五〇代前半までにかけて、つまり明治二一年(一八八八)から大正四年(一九一五)にかけて書かれたものだ。

一方、のちに刊行する個人雑誌の様相を呈した『植物研究雑誌』の時代からは、牧野は研究活動のエフォートを啓蒙活動や教育普及へより顕著にシフトさせたように感じられる。それは『植物研究雑誌』の創刊にともなって選択された、牧野の新たな生きる道だったと捉えることができよう。

後半の人生の始まりはその『植物研究雑誌』であったが、その後は同好会活動により傾注する。『植物研究雑誌』も図鑑制作に向けて多忙になって第八巻で主宰を降りる。そして、昭和一五年(一九四〇)に『日本牧野植物図鑑』や『雑草三百種』を刊行する。このころになるとさまざまな団体への講演活動や同好会の指導ばかりが目立つ。

昭和二〇年代(一九四五~五四)に入ると、これまでの随筆をまとめて著作の執筆、制作を行う。ここで、もっと一般向けに随筆の延長線になるような記事をまとめた『牧野植物混混録』という雑誌を出版するようになり、執筆活動は九一歳まで続いた。

昭和六年（一九三一）七月一二日、牧野は摩耶山植物同好会の第一回講演会で東京帝国大学講師として「花菖蒲の話」という講演を行っている。この冒頭に述べられた言葉は、植物知識の教育普及に対する自身の考え方をよく表している。

「自分の考えがありまして、なるべく植物のことを通俗に、そして趣味のあるように一般の人にお話ししたいということを終始思っております」「それによって、皆様をなるべく優雅な、風流な人間にして見たい（中略）大学生を養成することも大事だが、一方今日の時勢としては此の方も大変に大事なように感じていますので、こういうふうに通俗的に話をするということは私の最も喜ぶところであります」。最後には、「ご遠慮なしに植物の種類に関係したことなら何でもお尋ねください」と締めくくった。

そして、それから晩年までは、アカデミズムの中で植物を研究するのではなく、在野の研究家とともに過ごし、全国の趣味家、研究家、そして何よりも理科教員の教育に尽力する道を選んだのである。

全国の趣味家によるネットワーク

昨今、植物の趣味家が集う同好会というものは斜陽である。かつて、同好会が盛んだった時代は、講師となる指導者が多数の参加者を引き連れ、植物の名前、形態の特徴、似ている種類からの見分け方などを解説しながら野山を歩いた。学校の理科や生物の教員が参加することが多く、同好会や観察会で得た知識を各学校の授業で役立てていた。

牧野は、各地のそのような同好会の設立や指導にあたり、教育普及活動に情熱を傾けるようになっていった。牧野が関わったと考えられる当時の植物同好会、研究会は枚挙にいとまがない。

各地の観察会や講演会に講師として呼ばれ、そのバリエーション豊かな話は、聞く側の同好会の人々を大いに喜ばせ、知識の普及に貢献するだけでなく、さらに牧野の知名度を全国に広げ、そして押し上げていった。

つまりこの活動は、いわゆる「牧野ファン」を増やすことにも直結していた。牧野にとっては、呼ばれたその地域で旅費を節約しながらの標本採集ができただろうし、講師料も入っただろう。一連の牧野の全国ネットワーク化が及ぼす好循環は、まさにギブ・アンド・テイクで、牧野にとって好都合であったのだ。

牧野の人間的魅力に取り憑かれた人も少なくなかっただろうと想像できる。牧野は、東京植物同好会の例会をすっぽかしたことがある。それは昭和一三年(一九三八)一二月一九日のことで、この日は東京植物同好会の会合が東京駅のステーションホテルで予定されていた。しかし、定時を過ぎても牧野は姿を現さなかった。この日の牧野の日記を見ると、次のようにある。

「十二月十九日　高知滞在。山田町の島村浩文氏来り。予の写真を撮ル。城北の田間ニアカウキクサを採り、弘松氏へ帰り、更に出デテ市中ニてカツヲブシを巳代へ送らせ、ウルメを福田、石井、小山へ送らせたり（後略）」

牧野は、会合を忘れ、よりによって高知で娘のために鰹節を買ったり、ウルメイワシを知人に送ったりしていたのである。普通なら怒るか呆れるかであろうが、ここで会員たちのとった行動がテレビ番組でいうところの「深イイ話」なのである。

参加した会員たちは、ステーションホテルの便箋（びんせん）に寄せ書きをした。その寄せ書きには次のようなメッセージが書かれていた。

「同好会の日を忘れるなんて先生らしいと云う人がいます　小山一郎」「ホテルじゃ植物採れないせいか牧野先生雲がくれ　倉本彦五郎」「不在につけ込んで文句を云って見ろあとで標品見てやらんから　ギャウ談も休み休み云え　石田肇」。特に石田肇の寄せ書きは、牧野になりきって書かれた言葉でじつにユーモアがある。

令和五年（二〇二三）前期のNHKの連続テレビ小説（いわゆる朝ドラ）のタイトルにもなっている「らんまん」さが滲（にじ）み出ているエピソードであるが、この寄せ書きは、いかに牧野富太郎という人物が、皆に愛され、慕われていたかを示している。

牧野が晩年所有していた標本の山の中には、数えてみるとじつに六〇〇〇人以上の地方の研究家や趣味家から送られた標本が含まれていた。多くの標本を送付しているのは、福島県西白河郡の尋常小学校教諭であった今井直吉、『富士山植物誌』の梅村甚太郎、熊本県の上妻博之、岩手県の鳥羽源蔵、師範学校の教諭で、植物学者の田代善太郎などである。

牧野のところへ送られてくる標本は、各地の研究家、趣味家がすぐにわからないものを検定してもらうために、あるいは意見を聞きたいがゆえに送ってくるわけなので、いわば、学術的に興味深い標本として一次スクリーニングは済んでいるものばかりだった。そんな標本を検討することで、効率よく研究もできたに違いない。

標本の内容でいうと、種子植物ではスミレ科が最も多く、次はツツジ科、セリ科が多い。必然的に種の識別が難しいグループの標本が牧野のもとへ集まってきたのだと思われる。牧野の日本産植物の研究と啓蒙普及活動は、まさに全国の趣味家のネットワークで支えられていたといっても過言ではないだろう。

一流の植物オタクとして

牧野は、全国の植物好きな趣味家の人たちからの問い合わせに一つひとつ返信した。返信したか否かを忘れないように、返信した封筒や葉書には「スミ」などと記した。高知県立牧野植物園の牧野文庫には、牧野へ全国から送られた書簡類が数多く保管されている。返信の郵便代もバカにならなかったと想像されるが、牧野は日々、問い合わせに真摯(しんし)に対応し、小学生からの手紙にも返信した。いってみれば草の根的な教育普及活動である。こういう活動もまた、当時の東京大学の他の研究者と一線を画した植物普及の道であると考えられる。

これが、牧野が研究者というより「学芸員」である所以(ゆえん)である。牧野は、先に紹介した講演会で次のようにも述べている。

「学者によりますと恐ろしく勿体ぶってなかなかおいそれと能く教えてくれぬと云う事がありますけれども私は、学者というほどじゃありませんが、それとは一寸違って、知っていることなら誰にでも教えると云うのが私の性質なんですからどうかそのおつもりでご遠慮なしに植物の種類に関係したことなら何でもお尋ねください」

一般からの植物名の問い合わせへの牧野の対応は、以前から行われていた。雑誌『理学界』の明治三九年(一九〇六)の第四巻第二号には、「植物名称応答」というコーナーが設けられていた。各地の一般の人からの標本鑑定依頼に対して、牧野が誌上に回答を掲載したものである。

この号では兵庫県、三重県からの問い合わせの鑑定結果を記してあるが、一件一〇〇点以上の標本の鑑定を行っていたことがわかる。その中には、カラタネオガタマのような外国産種やヒメジョオンといった帰化種、カブトゴケといった地衣類まで含まれていた。特に、「未詳」としているものも多数あり、その後に注意書きが次のように書いてある。

「標本不完全なる事此上なし、次回若し送致のときは規定の通り大形完全なるものを送られたし。他の諸氏にても一個の所蔵標品を、半分に分かち、其一部を当方に送らるる如きは、当方にて大に鑑定上迷惑に付き、十分ご注意これありたし」

いまも昔も変わっていない。筆者のもとにも標本の同定依頼が一般の方から届くことしばしばであるが、切れ端のような不完全な標本も多い。最近は、写真だけ送られてくることが多い。的を射ない写真では、植物は正確に同定できない。必ず完全な標本で問い合わせることが必要である。このような注意書きを出したいものである。

専門とする植物を深く掘り下げて研究することは求められても、自然の中で広く植物の名前をすぐにわかって答えることができることは、別に研究者に課された課題ではない。専門家は、専門とするグループの植物を深く掘り下げ研究をする、あるいは現象を捉え、その原理を研究することが一般的である。

何の植物でも見たらすぐに名前がわかり、答えることができるというのは、むしろ趣味家の範囲であり、植物オタク的なものである。いまでも、というよりいまではそれがもっと顕著であろうが、大学の研究者より、時間があれば四六時中野山に出かけて草木の写真撮影をしている定年後の趣味家のほうがよほど植物には詳しいはずである。

こういう意味では、牧野富太郎は超一流の植物オタクだった。それが必要とされる時代と社会があったのである。

植物同好会の普及

牧野の随筆には、「啓蒙」「植物知識の涵養」という言葉がよく出てくる。例えば、「我ら科学者としては、この点でも世人の蒙を啓かねばならない義務と責任と良心とがある」と述べている。

明治の終わりになると各地で植物の同好会の設立の動きが始まり、昭和の初めにかけて数多くの植物同好会が日本全国で発足した。まさに、同好会ブームである。すでに述べたように、牧野は植物の普及活動の一環として、それら多くの同好会の設立に関わった。

横浜植物会は、明治四二年（一九〇九）に設立された日本で最も古い植物同好会とされている。大正三年（一九一四）には、岡山県に小学校教諭の小坂弘が主宰した吉備（きび）博物同好会が、大正一〇年（一九二一）には大分県博物学会、大正一二年（一九一六）には高知博物学会が発足する。

昭和に入ると、昭和二年（一九二七）には、田代善太郎や牧野富太郎の指導をうけて原宮男、川崎正、竹下英一らによって大阪植物同好会が設立される。昭和四年（一九二九）、堀勝、津田広之助によりに発足した堺植物同好会は、河泉植物同好会を経て近畿植物同好会と名称を変えていまに至っている。昭和六年（一九三一）には、岩手県博物同好会が、昭和七年（一九三二）には近江兄弟社女学校の松村義敏によって趣味之植物学会（滋賀県近江八幡市）ができた。昭和九年（一九三五）、茨城県立女子師範学校の鶴町猷(つるまちはかる)によって茨城県博物同好会ができている。

翌年の昭和十年（一九三六）には、東京で野外植物研究会（通称、「野草の会」）が、檜山庫三により設立されたが、この会誌の「野草」の題字は、牧野富太郎によるものである。他にも、大阪山草倶楽部、愛媛県の周桑(しゅうそう)博物同好会、東京の生き物趣味の会、植物・動物採集会など枚挙にいとまがない。

全国規模の植物趣味の普及活動（布教活動に近い）によって同好会設立に協力した牧野は、これらの同好会や師範学校など全国から講演や観察会、勉強会の講師として引っ張りだこだった。

横浜植物会や東京植物同好会の定期観察会には頻繁に講師として参加した。また、明治の終わりには植物夏期講習会に出席するため、毎年九州を訪れた。後述する大正から昭和にかけての池長植物研究所時代は、神戸を活動拠点として関西、中国地方で在野の研究家と広く勢力的な交流を図った。それはちょうど関西、中国に同好会が次々設立される年代と重なっている。

標本を介した普及活動のギブ・アンド・テイクに加えて、ここでもまたプラスの連鎖が起きていたといえるのではないだろうか。牧野は寝る間を惜しんで全国に植物の趣味家を育てその輪を広げることに邁進した。そして、これら同好会の各地の活動は、それぞれの地域での植物誌研究への貢献につながっていくことも多かったのである。

観察会という学びの場

同好会や研究会は、会員の発表の場をつくるため、たいていそれぞれで会報をもつ。当時の各地の同好会の会報には、しばしば牧野の名前が登場する。昭和七年（一九三二）の周桑博物同好会の会報第四号には、次のように広島の帝釈峡の採集会が紹介されている。

「本年八月一日より向ふ 四日間広島県の帝釈峡を中心に附近の美古登山の採集会が広島博物同好会主催のもとに東京帝大の牧野先生を招聘して開催されました。予て中国は四国と接近してることや、あまりに高峯のない老年期に属する山なる関係上、種はほぼ似たものが多いと思つて参りました所、先づ特産のあることや種の豊富なのに驚かされました」

大阪山草倶楽部の名誉会員でもあった牧野の座談会の様子は、会誌の『山草趣味』第三号に次のように掲載されている。

「昭和七年一月二十七日午後六時本会の名誉会員牧野富太郎博士歓迎座談会を天王寺公園事務所楼上で開く。先づ先生の花を愛する必要論から我邦での山草栽培の起り等のお話を聞き、それより山草に関する質問座談会に時をうつし夜の更くるを知らず会するもの左記の通り(後略)」

また、同じく周桑博物同好会の同年の会報では、九州博物同好会で主催した英彦山の採集会のことが書かれてある。

「本年八月十一日より十六日に亘って九州博物同好会の主催で斯界の権威牧野富太郎博士を招聘し植物採集の実地指導が行われた。採集地は左の通りで北九州代表的の山で期待した以上の収穫があった。採集記　英彦山　福岡大分県境に跨り標高一二〇〇米、頂上に官幣中社英彦山神社がある。田川線終点添田駅より中腹彦山町まで自動車があり、夏季特に参詣者も多く旅館も数十軒、滞在採集に甚だ便利である。ヒコサンヒメシャラ、ヲサシダ、ゲンカイツツジ、シャコタンチク等珍らしいものもあるが、伊予とは共通のもの特に多く一日半の採集で充分である」

その後、牧野の死後も各地で植物研究会や同好会はつくられてきた。植物誌がなかった岡山県には、牧野の指導を受けた佐藤清明を初代の会長とする岡山植物研究会が昭和五六年（一九八一）に設立された。平成六年（一九九四）まで会報も第二九号まで刊行したが、中心的役割だった西原礼之助（れいのすけ）の死去とともに自然解散となり、植物誌は完成を見なかった。

以前は、学校の教員が同好会の会員に多く参加しており、実地に学んだ自然や植物を、それぞれが奉職する学校で生徒に教えることが多かった。牧野は自叙伝で次のように述べている。

「費用がかかるから、地方の採集会に講師として招聘される機会を利用し幾らか謝礼をもらうと、それでまた旅行を続けたりした。そんなことが続き続きして今日に至っていたわけである。九州辺へは六年も続けて行ったこともある。私は日本全国各地の植物採集会に招かれて出席し、地方の同好者、学校の先生等に植物の名を教え、また標品に名を附してあげたりした。私の指導した先生だけでも何百人といる筈だと思う」

つまり、同好会や研究会は、生きた植物自体についての教員の勉学の場であったのである。現に、当時は理科教育に自然の観察が推奨されていた。高知博物学会の『博物会報』第三号に講演会での牧野の次の言葉が記されている。

「私は天然を師と仰ぎ、天然という教場で学習したものである。今に学習中で未だ卒業もせずにいるが、その中に年老いていくわけである。今と昔はその難易を異にする。私の

1942年(昭和17) 11月、武州仏子の東京植物同好会で植物の説明をする牧野富太郎。熱心にメモをとる老若男女の参加者たち(写真提供:牧野一淳氏)

十年は今の人の一年にも当たるまい。皆様の大に勉強せられん事を望む。しかし本は参考とし、天然の教場で勉強されん事を重ねて希望するのである」

指導者を立てて、それを取り囲んで会員が観察会へ参加して、教えを受ける、そんな現在の植物観察会のスタイルを築いたのは牧野富太郎である。最近の理科の教員は、こういった自然の中で実地の生物を教える機会が極端に減った。理科教育の流れも影響しているが、教員自身も標本を作製した経験がなかったり、授業以外の公務の多忙さで、自然の中で植物を学んだりする機会も余裕もないのが現状であろう。さらに、同好会や研究会の会員の高齢化も進んで、存続が危ぶまれる会も少なくない。

ただ、生物の基本はフィールドでの観察である。牧野富太郎が教え諭そうとしたように実地で生きた植物をよく観察し、それを標本にし、調べ学ぶことができる自然教室である同好会が再び盛り上がり、注目されることを期待したい。

「自然科学列車」での普及活動

昭和の初期、東京鉄道局、東京日日新聞社と日本旅行協会による小中学生のための「自然科学列車」という企画があった。生物の野外体験学習、環境学習の元祖ともいえる。その自然科学列車の講師としても、牧野富太郎は活躍した。

筆者の手元には「自然科学列車」の参加者募集のチラシがある。昭和一〇年(一九三五)九月二一、二二日に軽井沢・千ケ瀧(せんがたき)別荘で行われ、植物採集の講師を牧野富太郎が務めた。牧野はこの日の日記に「自然科学ハイキング」と記している。講師陣はほかに、昆虫採集を東京・井の頭公園にあった平山博物館(井ノ頭博物館)館長の平山修次郎、天文を野尻抱影(ほうえい)が指導した。また、文化的側面も織り込まれ、浅間山や軽井沢の話、正調信濃追分の講師まで揃えての自然科学列車であった。

翌年の同じ秋には、牧野が参加した自然科学列車は信州戸隠高原への二泊三日の旅で、講師は植物班が牧野、野鳥班が中西悟堂(ごどう)だった。中西悟堂は、日本野鳥の会設立の発起人

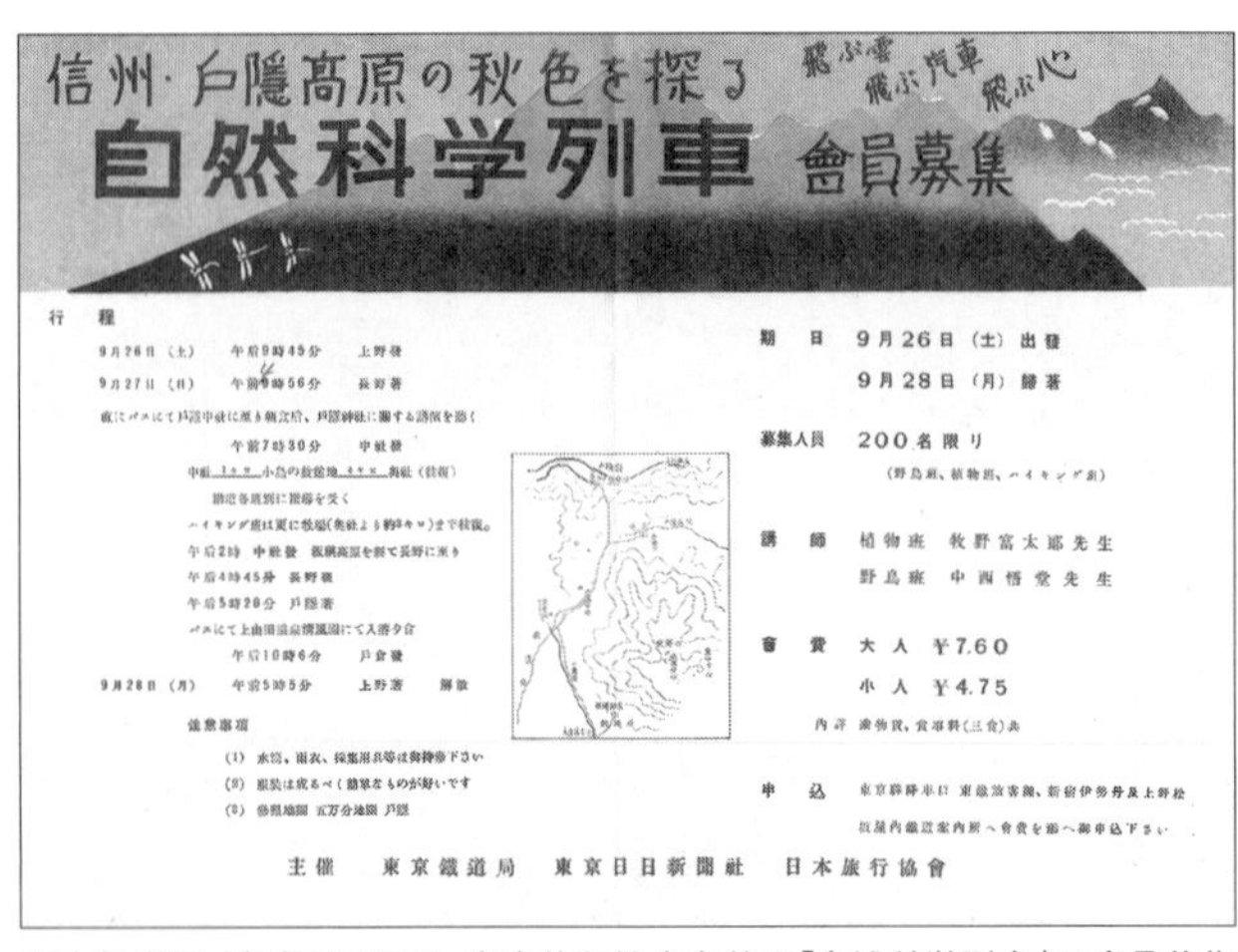

東京鉄道局、東京日日新聞、東京旅行協会主催の「自然科学列車」の会員募集チラシ（1936年、昭和11）

の一人で、富士山麓の須走（すばしり）で、日本で初めての野鳥の観察会を開催した。のちに探鳥会と呼ばれるようになる鳥の観察会は全国に広まり、鳥の教育普及に貢献した。

牧野と中西が講師を務めた自然科学列車の参加者募集のチラシを見るとタイトルは「信州・戸隠高原の秋色を探る　飛ぶ雲　飛ぶ汽車　飛ぶ心」である。上野発の夜行列車で行き、戸隠神社近辺で自然観察ののち、上山田温泉清風館で入浴と夕食を摂り、再び夜行列車で帰るというものだったことがわかる。

注意書きには、「水筒、雨衣、採集用具などは御持参ください」とあり、おそらく植物班は標本を採集しながら牧野の指導を受けたのだろう。このような観察だけでなく、標本を採集し、持ち帰ってのちにいわゆる復習ができる自然体験教室は、現在では本当に少なくなった。

地方フロラへの貢献

同好会が盛んに設立された大正終わりから昭和初期にかけては、県単位の地域的な地方植物誌の創刊も相次いだ。大正一五年（一九二六）には、土井美夫の『薩摩植物誌』の刊行が始まる。昭和三年（一九二八）には、八木繁一の『愛媛県植物誌』、翌年、同じく愛媛の『周桑郡植物誌』が余吾一角により著された。

昭和四年（一九二九）には、吉野善介による『備中植物誌』が創刊された。吉野善介は、岡山の備中高梁の出で、生家は薬店だった。明治三〇年代（一八九七〜）から牧野富太郎に書簡で植物の質問をするようになったという。同じく昭和四年、宇井縫蔵の『紀州植物誌』が世に出た。

その後、村井三郎による『岩手植物志』（昭和五年、一九三〇）、前原勘次郎の『南肥植物誌』（昭和六年、一九三一）、村松七郎『秋田県植物誌』（昭和七年、一九三二）、伊藤武夫による『三重県植物誌』（昭和七年、一九三二）、富田貞の『天草郡植物誌』（昭和八年、一九三三）、結城嘉美の『山形県植物誌』（昭和九年、一九三四）、青森営林局編『三陸植物誌』

（昭和一〇年、一九三五）、岡本勇治『大和植物志』（昭和一二年、一九三七）などである。
こうした地方植物誌ブームにあって、その多くに牧野が標本の検定などで関わり、貢献した。宇井縫蔵は、『紀州植物誌』の緒言で次のように記している。

「本書を出版するにあたり、多年懇篤なる指導を忝うした恩師理学博士牧野富太郎先生をはじめ直接間接に私の研究をお助け下さった先輩友人諸氏に対して深厚なる感謝の意を表します」

牧野はまた、営林署からの依頼を受けて国有林の植物調査も行った。昭和二年（一九二七）の八月から一ヶ月余り秋田営林署の依頼を受けて県下の国有林の植物調査を実施している。秋田県入りする前、青森県の八戸に寄り、八戸小学校で開催された数日間の植物講習会の講師として講演、採集会の指導を行った。

当時の牧野の日記には、びっしりと予定が詰め込まれている。八月一三日午後一時に上野発青森行きの汽車で青森へ向かい、翌日早朝に尻内駅（現八戸駅）に到着、そのまま八戸小学校の講習会に参加して講話の後、植物標本の採集指導をして、鮫村の石田屋という旅館に宿泊した。それから一七日まで青森に滞在し、一七日の日記には、「此夜採集品始末の為め一睡もせず」とある。そうして九月一七日まで秋田の各地の営林局を巡り、水林国有林、鳥海山、仁鮒金山、太平山などで標本採集を行ったのである。

牧野は、秋田をあとにする日に次の句を詠んだ。

此処(ここ)に来て美人も見ずに帰りたり

『牧野富太郎自叙伝』の年譜の昭和二年八月に「秋田県宮川村附近を採集して歩く」とあるのは、この調査のことである。昭和九年(一九三四)にはその結果を受けて『管内国有林植物目録』が出版された。

昭和初期の各地の国有林の調査報告書は、それらを現在のデータと比較することで約九〇年間の環境変化を知ることができる当時の貴重なデータと考えられている。牧野富太郎は、そのような昭和初期の国有林の植物調査にも貢献していたということである。

コラム5 張亨斗と牧野富太郎

韓国に牧野富太郎を師と仰ぎ、精力的に標本採集を行い、教育のために学生が利用できる植物図譜を出版した学者がいた。その名を張亨斗（ジャンヒョンツ）という。

張亨斗は、一九〇六年、全羅南道・光州で生まれる。大正から昭和にかけて東京府立園芸学校（現東京都立園芸高等学校）で学んだ。関東大震災後に帰国し、朝鮮の農林学校を出たあと、一九二八年、再び日本に渡る。東京高等造園学校、現在の東京農業大学で学んだ。このころ、牧野富太郎から教えを受けていたと考えられる。

張亨斗は、朝鮮半島で精力的に標本の採集を行った。標本は、二〇〇〇点以上が京都大学総合博物館に、約九〇〇点が国立科学博物館のハーバリウムに保管されている。それらの標本は質・量ともに優れているもので、牧野の影響を標本の作製方法に見ることができる。

張亨斗は、日本から帰国後、朝鮮博物研究会の設立を主導した一人である。財産を植物標本採集に捧げ、大学に世界に誇る標本室をつくるという志を抱いていた。朝鮮博物研究会は、韓国生物学会を経て、韓国植物学会と動物学会に発展した。

朝鮮の植物には、朝鮮の名前をつけなければならないという強い意志があり、韓国の

張亨斗『学生 植物図譜』の表紙と紙面

植物にハングルの名前をつけていったことでも知られている。『朝鮮植物郷名集』がそれである。全国を回って、学校の教員に対して講習会を開くなど、教育普及にも貢献した。

一九四八年には、ソウル大学校師範大学教授に就任するが、翌年の一九四九年、左翼事件に巻き込まれ、三日間に及ぶ警察署での拷問の末、死去した。このころの韓国は左右翼の理念対立で政治的混乱を重ねていた時代だった。

彼が死の直前に出版したのが『学生 植物図譜』だった。普通植物六〇〇種収録とあり、学生が周辺の植物を調べるための図鑑になっている。この図譜は、植物画とともにその記載を一ページに数種ずつ掲載している。当時、韓国の教育界に新鮮な衝撃を与えたという。

地域名へのこだわり、博物学会の設立への関与、植物知識の教育普及活動、そして、『学生 植物図譜』。私はここに牧野富太郎を重ねずにはいられない。日本で学んだ時代、牧野が出版した『学生版日本植物図譜』『普通植物図譜』を目にしていただろうし、その教えを受けていたことが強く影響していたと考えられる。

令和二年（二〇二〇）、韓国のテレビ番組で、張亨斗の生涯を紹介した番組が放映された。番組の中で張の子息は、張亨斗の部屋には、自分の祖父の写真も飾らないのに、牧野富太郎の写真が飾られていたと語っていた。牧野の第二の人生とも呼べる植物の普及活動が撒いた種子（たね）は、日本のみならず海外でも大きく育っていたのである。

第十章 植物の知識を広める

随筆の名手

牧野は、自らが得た知識を惜しげもなく、各界の雑誌に面白おかしく随筆として書き綴った。植物の知識を広めることに、非常なる喜びを感じていたに違いない。

誰しも、他人にない知識や他人が持っていない物を手に入れたとき、それを一人静かに見ているだけでは欲求というものが完全に満たされないのが普通である。クラシックカーなど車を趣味にしているなら、自宅のガレージに入れたまま一人で眺めているだけではどこか満たされないに違いない。

同じ趣味家の間で定期的に開催されるミーティングやフェスティバルに参加し、情報交換をする。手に入れたものを自分のこだわりとともに人に見せることこそ、コレクターの楽しみの最たるものである。

人があまり読まないような書を蒐集して読み、そこから得た知識や、そこで気づいた他人の誤りを指摘する、これこそ牧野式書物の楽しみ方だったのだろう。同時にそれはおそらく、植物の研究に昼夜没頭することと同じく、牧野式健康法でもあったことだろう。

他人を否定はすれども肯定はしない、容赦無く切り捨てる「牧野節」もまた、一般大衆にウケがよかったのかもしれない。好きなことに没頭でき、好きなことを好きなように書き綴る。しかも、それが世のためになっているのだから、こんな幸せな人間はいない。いまの世の中と違い、ネットで批判されることもなかっただろうから、いい時代に生きた趣味家だったともいえるのではないか。

牧野が残した数多くの随筆は、多くの人から支持され、いまもなお読み継がれている。『植物記』『牧野植物一家言』『植物学九十年』や『趣味の植物採集』など、啓蒙書は一〇冊以上出版され、内容が重複するものも多いが、総数としてはかなりの量の随筆を残した。

これらは、さまざまな雑誌に書いた随筆を再録したものが多い。中には複数の雑誌に重複して寄稿されたものも少なくない。随筆によってはかなり文章が改められたり、タイトルが変わっていたりする。雑誌に初めて発表されたもののほうがのちの随筆集より面白いものもある。

牧野の知名度が一般に高い理由の一つとして、歯に衣着せぬ表現をもって幅広

牧野が寄稿したさまざまな雑誌類

いジャンルの雑誌に寄稿し、執筆活動を行ったことも大きいのではないかと思う。主として、植物学以外の分野の雑誌にも植物の普及記事を書いたし、植物以外の記事も書いた。雑誌『人間探究』には、性欲についての随筆まである。これらの原稿料は、牧野の苦しい生活の足しに少しはなっていたのだろう。牧野は植物学の雑誌のみならず、文学、音楽や風俗などのあらゆる分野の雑誌に寄稿している。

ある日、牧野の随筆を当時の雑誌の原本のまま学生に読んでもらい感想を聞いてみた。「古い文体で書かれているから、こんな文章難しくてかったるいです」といわれるかと思ったのだが、意外な答えが返ってきた。「話し言葉のように、思ったことをそのまま文章にしていて、現代のかしこまった固い文章とは違って親近感があり、とても読みやすくて面白いと感じました」。

そう、牧野の随筆の文章にはそういう特徴があるのだ。学者は、往々にして平易な表現で書ける内容をわざと難解に書くことを好むきらいがある。しかし、牧野の文章の特徴は、例えば東大の学者が書くような文体ではなく、極めてわかりやすく明快で、世俗的な表現を用いることである。

そして謙遜（けんそん）も遠慮のかけらもないので、遠回しに表現することもない。話の展開もよく計算されている。牧野の随筆が長きに渡って愛読されている理由はそこにもあるように思える。そしてそれは、なるべく植物のことを通俗的に、そして興味の湧くように一般の人に話したいという講演会の信念にも通じるものがあり、これが牧野の一貫した思いであったのだろう。作家の志賀直哉も牧野の文章を面白いと語った。

牧野富太郎が、もしもテレビが発達したいまの世の中に生を享けていたなら、きっと歯に衣着せぬトークで、植物の知識を普及させる植物タレントになっていただろう。

心の奥の孤独

大正から戦前の昭和にかけて存在し、実業家、長谷川巳之吉が創業した第一書房が昭和六年（一九三一）から一〇年間発行した総合文化雑誌に『セルパン』があった。牧野は、このセルパン誌に「珍説クソツバキ」や「農家の経済状態が甘藷の種類をして一変せしめた」などという記事を書いた。

前者は、矢田挿雲の『江戸から東京へ』に出てくる「臭椿」のふりがなの間違いを指摘したものである。後者は、明治期にサツマイモの品種が経済性から味より生産性を重視した品種に変わったことを記したものである。昭和二一年（一九四六）一一月に札幌で出版された『北方風物』の最初のページもまた、牧野の随筆が飾っていた。「南瓜一夕話」というものだった。ここでは、カボチャの由来、品種と学名の関係についてなどを解説した。

他人の非をことさらに取り上げて批判する牧野のスタイルは、読んでいて楽しいことは事実である。特に、何度も述べているものとして、大槻文彦の『大言海』の中の植物についての項目への指摘がある。昭和一三年(一九三八)の『読書随筆』に掲載された「チョット大言海を覗いてみる」という随筆である。

大正から昭和初期にかけての一般雑誌へ寄稿した牧野の代表的ないくつかの随筆とそれらが掲載された雑誌の一部を表にすると次の見開きページのようなものがある。また、本来の科学の分野の雑誌である『本草』、『漢方と漢薬』や『科学知識』へはことさら多数寄稿している。特に『本草』には、昭和八年から九年(一九三三〜三四)にかけて多く寄稿した。

ホシクサ科の分類研究などで知られる国立科学博物館の佐竹義輔は、牧野富太郎選集の書評で牧野の文章について、こう述べている。

「牧野先生のものの考え方や文章の表現形式など、ことの真髄をつく一面、稚気満々のところがあり、誠に自由奔放、我が道を行く気分が横溢している」

牧野は、大学での学生への講義や観察会の指導などにおいても、始終面白おかしく冗談を交え、写真を撮られるときには、無邪気なポーズを取り、そして随筆もまた、漫談調で書いたものが多く見られる。この牧野の茶目っ気に満ちた振る舞いに、私は早くから両親を亡くし、友人もない中で佐川の野山で草木と過ごした牧野が心の奥底にもつ孤独を感じざるを得ない。

孤独な人間ほど、道化師になる。牧野は交友関係の驚くべき広さとは裏腹に、人間関係の構築は得意ではなかったように思う。写真の中で戯(たわ)けて見せる笑顔の奥には、佐川村での幼少期の孤独があるような気がしてならない。

読み物としての図鑑

牧野の随筆の中から一つ、ほとんど紹介されることはないが、面白いものを紹介したい。生活文化雑誌『月明』に寄稿した「蕾を利用せる食品ケパース」である。もちろん、スモークサーモンに欠かすことができないケッパーについてである。

ケッパーは、地中海沿岸からモンゴルなどにかけての乾燥帯に分布するフウチョウボク科のトゲフウチョウボクの花の蕾のピクルスである。牧野はこの中で、「野山の宝を腐らすな」の見出しで、日本のマタタビの蕾をケッパーの代用とすることを提言している。

広島帝釈峡でマタタビの蕾を採取し、食したところ少し辛味があった。これはいいと思いヴィネガーにつけてみたら辛味がなくなったので失望したが、唐辛子で辛味を加えてからつけたら和にも洋にも合う食材となるだろう、という内容である。

出版社	発行年月
國學院大學出版部	1909年（明治42）7月
易風社	1909年（明治42）12月
科学知識普及会	1923年（大正12）4月
科学知識普及会	1924年（大正13）3～12月
早稲田大学出版部	1925年（大正14）5月
科学知識普及会	1925年（大正14）10月
第一書房	1935年（昭和10）2月
帝国大学新聞社出版部	1935年（昭和10）
第一書房	1936年（昭和11）3月
改造社	1936年（昭和11）10月
植物・動物採集会	1937年（昭和12）7月
婦人之友社	1937年（昭和12）8月
大日本雄弁会講談社	1937年（昭和12）9月
書物展望社	1937年（昭和12）5月
植物・動物採集会	1938年（昭和13）1月
矢の倉書店	1938年（昭和13）3月
日本漢方医学会	1938年（昭和13）11月
月明会	1939年（昭和14）2月
月明会	1950年（昭和15）9月
日本出版配給株式会社	1946年（昭和21）10月
北日本社	1946年（昭和21）11月
日本出版配給株式会社	1947年（昭和22）3月
日本交通公社	1948年（昭和23）3月
へちま文庫	1949年（昭和24）5月
内田老鶴圃新社	1950年（昭和25）
小学館	1951年（昭和26）7月
第一出版社	1951年（昭和26）12月
新聞月鑑社	1952年（昭和27）9月

さまざまな雑誌に掲載された牧野富太郎の随筆（一部）

タイトル	雑誌名
「植物採集の話」	『兄弟』第1巻第2号
「植物学者の眼に映じたる展覧会の絵画」	『趣味』第4巻第12号
「山桜と彼岸桜」	『科学知識』第3巻第4号
「結網植物漫筆（その一）〜（その十）」	『科学知識』第4巻
「摘草になる植物」	『新天地』5月号
「野生食用植物の調査」	『科学知識』第5巻第13号
「珍説クソツバキ」	『セルパン』2月号
「植物と心中する男」	『研究と世間:科学随想』
「農家の経済状態が甘藷の種類をして」一変せしめた」	『セルパン』3月号
「萬葉集巻一の植物」	『短歌研究』第5巻第10号
「石吊り蜘蛛」	『植物動物の採集』第1巻7月号
「植物学者として世界につくしたい」	『子供之友』
「秋草雑話」	『現代』9月特大号
「原刻本三冊ぎりの『和蘭薬鏡』」	『書物展望』第7巻第5号
「地獄虫」	『植物動物の採集』第2巻1月号
「チョット『大言海』を覗いて見る」	『読書随筆』
「辛夷はコブシではなく木蓮はモクレンではない」	『漢方と漢薬』第5巻第11号
「蕾を利用せる食品ケパース」	『月明』第2巻第2号
「正称ハマナシ」	『月明』第3巻第9号
「地獄虫」	『村』第1巻10月号
「南瓜類一夕話」	『北方風物』第1巻第11号
「スミレの花は無駄に咲く」	『村』第2巻3月号
「コブシの花」	『旅』
「舊い記憶」	『KINYO』第5号
「ゴキブリでは意味をなさぬ」	『採集と飼育』第12巻第10号
「わたくしのちいさいころ」	『小学二年生』第7巻第4号
「性慾を體讃するは人間の義務である」	『人間探究』
「植物二題（コンブは海帯であって昆布ではない/アップルと林檎）」	『随筆』9月号

牧野は植物にじつに幅広い興味や好奇心をもっていた。本草学に親しく触れていた青年期の影響からか、薬用植物についてもことあるごとに触れている。また、園芸植物や栽培品種にも興味があり、栽培品種の学名も命名している。『牧野日本植物図鑑』には、その知識が詳細かつコンパクトに集約されているが、図鑑というより一種の読み物である。図鑑を目指したものの、読み物になるところが最も牧野らしいと私は思う。

牧野の場合、多くの他の学者と違って学術論文の目録もつくられていない。『牧野富太郎著作目録』は、牧野の業績を顕彰するためには必要不可欠なものであるが、なぜないのだろうか。学術論文をピックアップしてまとめることはそれほど大変なことではないが、このような現在では入手が困難なものを含む多方面の雑誌に散在する記事を網羅的にリスト化するのは並大抵のことではないだろう。

ただ、発表学名のリスト、採集標本のリストとともに、著作のリストが揃って初めて、牧野富太郎の活動を客観的に、そして科学的に俯瞰(ふかん)できるというものである。

随筆だけでなく作詞まで

寄稿したのは随筆だけではない。東京農業大学の常谷幸雄、本田正次と牧野富太郎は、昭和七年(一九三二)、「植物採集行進曲」という詞を『植物研究雑誌』第八巻第七六号に発表した。

これは、当時の世相を反映している歌詞もあるが、いまにも十分に通じるものがあり、標本を収集し、研究する分類学の真髄を表しているともいえよう。歌は五首から成っているが、前三首を常谷幸雄、あとの二首を牧野が作詞している。

常谷幸雄は、牧野富太郎に影響を受けた人物の一人である。牧野富太郎が、「東京より極手近な伊豆諸島の様々な処でさえも今だに手が届かないで、其の植物は全く暗黒の裏に葬り去られている様な有様である」と述べたことにより、伊豆諸島のフロラ研究を推進した。常谷が作詞したのが、次の三首である。

根堀り片手に胴乱下げて
今日は楽しい採集よ
採った千種(ちぐさ)の優しい花も
やがて知識の実を結ぶ

国の為なら草木も採れよ
君は一本僕二本

つもりつもっておし葉の山が
末は御国を輝かす

異国に誇る草木の数よ
すべて知らねば国の恥
心一つに力を合わせ
調べ上げましょ我がフロラ

これに対して牧野富太郎がつくった歌は次の二首である。

多き草木を原料(もとで)に使い
産業工業盛んに起こし
民の暮らしを一層善くし
国の富をも殖やしましょ

草木可愛いの心をひろめ

愛し合いましょ吾等同士
思い遣りさえこの世にあらば
世界や平和で万々歳

その国に分布し、生育している植物は、まさに国の財産である。それを調べ上げてどのような植物がどこに分布しているのかをまとめ上げたフロラは、その中から有用な種が見出されて、薬の原料や化粧品の素材、園芸品種の原種になるなどあらゆる植物資源の研究の源（みなもと）になるものである。

最後の歌は牧野の植物普及活動の真髄であろう。現在でも広く世界の植物分類学者が、全世界のフロラをまとめた地球植物誌の完成に向けて各地域ごとにインベントリーを続けている。この『植物採集行進曲』はその歌詞の言い回しに時代背景も色濃く映っているが、いわんとしていることや、フロラ研究の意義などはいまでも変わっていない。

研究・普及活動の集大成

牧野の人生前半の植物分類学者としての研究生活、そして後半の植物知識の普及、生涯学習支援活動の集大成として世に送り出したのが、『牧野日本植物図鑑』である。

『牧野日本植物図鑑』は、牧野のほか、山田壽雄、水島南平、木本幸之助の三人の画工によって描かれている。各種の植物の解説、和名の由来、利用法、漢名から、誤用についてまで、牧野ならではの極めて明快かつ端的な表現で述べられている。

ここには、牧野が収集した膨大な数の本草学に始まる植物学や関連する文献から得た知識、各地から収集された数多くの標本から得たそれぞれの種の特徴が書かれている。それはおそらく土佐の時代から長年野外で培われた類いまれな観察眼を通しての各植物のタクソンの理解であっただろう。それらが凝縮されているように感じる。図鑑というより、牧野植物学人生の集大成であり、日本産植物に関する一大読み物である。

キク科の分類学で有名な京都大学の北村四郎は、『牧野日本植物図鑑』について、『植物分類・地理』第九巻第四号の中で次のように述べている。

「専門家としては植物に対する正しい和名、その漢名の現代依るべき事典であり、初歩者には立派な図と学名の解説、これはインデックスのところに付記されたものであるが、新しいかつ便利な方法である。かつ植物記載用語の解がついている。この一本を手にし、楽しみ二週間は夢の間に過ぎた。パラリと開いて、偶然開いたページを読む私は、この本を枕元に置かぬと夜寝られぬ心配がある」

『牧野日本植物図鑑』では、その記載を理解できるように植物の形態用語や学名のラテン語の意味を一覧で見ることができる付録がついている。これは画期的なことであった。あくまでも読者にわかりやすく、きちんと伝えたいという牧野の志が付録に表れている。

『牧野日本植物図鑑』はその後、版を重ね、後継の植物分類学者に依る改訂や新しい分類体系の導入などを経て、空前のロングセラーとなった。植物図をカラー図とした『原色牧野日本植物図鑑』や、最近では、平成二〇年（二〇〇八）に分子系統解析に基づいた新しい科で分類した『新分類牧野日本植物図鑑』も、平成二九年（二〇一七）に刊行されている。

本当の牧野富太郎

令和五年（二〇二三）、NHKで牧野富太郎をモデルにした連続ドラマが放送されることとなった。タイトルは「らんまん」である。一見、天真爛漫にみえる牧野の生き方を表している。

しかし、本当に彼は天真爛漫なだけの人間だったのだろうか。あれだけの精密図を描ける人間には、表面には現れない「緻密な計算高さ」が備わっていると見たほうが自然である。

『日本植物志図篇』の広告を高知の新聞社に依頼する手筈を整えて以来、晩年まで及ぶ新聞社とのつながりは牧野にとって特に大きかったように感じる。神戸の資産家、池長孟（はじめ）が救済を名乗り出たのも、窮地に立たされた牧野の姿を新聞が取り上げたことがきっかけである。また、それに応じて夫人とともにすぐに神戸に向かう行動の早さも「爛漫」という感じはしない。

もっとも、牧野は利用する側というより、利用された側の人間だったのかもしれない。あれだけの知名度を確立し、全国にファンが大勢いる中で、学歴がないという弱者的立場の人間であるがゆえに、世間が味方することは明白にわかっていたはずである。あるいは、それ以上にマスコミが牧野をそういう人間、いわゆる悲劇のヒーローに仕立て上げたといえるかもしれない。

牧野をめぐる大袈裟（おおげさ）で根拠に欠ける数字や代名詞、寝る間を惜しんで研究に標本作製に明け暮れる夫を献身的に支えた妻、窮地になるたびに現れる救世主たち、本人の言動とは裏腹に、弱者として守ってあげたくなるような国民的キャラクターや周囲の環境が備わっていた。報道されればされるほどに、そのような牧野像がつくり上げられていったとも考えられる。

晩年になると、思い出したようにマスコミのインタビューに、東大時代の矢田部との確執の話をよくし、自叙伝にも書き立てた。しかし、牧野の若き日の記録には、その後関係が悪化した池長に対する苦言は書かれていても、矢田部へのこの件の記述は見当たらない。また、矢田部側からこの件に対して公表されたものもなかった。

国立科学博物館には矢田部良吉の日記が収蔵されている。平成二八年（二〇一六）、矢田部の資料に関する研究論文が太田由佳、有賀暢迪（のぶみち）によって出版され、初めてこの件に関する矢田部の記述を目にした。明治二三年（一八九〇）一一月二日の矢田部の日記には次のようにある。

「夜ニ入リ牧野富太郎来ル。氏ハ近頃大学ニテ既ニ斎頓シタル標本及書籍ヲ使用シテ、自己ノ著述ニ用フルコトヲ始メ、為メニ教室ニテ議論アレバ、之ヲ爰（ここ）ニ止メタリ。尤モ氏ガ謝恩ノ為メニ氏ノ採集シタル土佐植物標本ヲ一揃ヒ、大学ニ納ムルコトヲ約セシメタリ」

しかしこれは、これまで東京大学で国からの巨額の税金によって整備された標本室と、西洋の文献資料を好きなように自分個人の著作に使っていた牧野への当然の意見であろう。また、矢田部個人というより教室全体で議論があったことが示されている。出入り禁止にするとも書かれていない。

根拠のない数字を並べて称賛することや人間ドラマに必要以上にスポットを当てることはもう十分であろう。牧野が生涯をかけて行ってきた、フィールドワークと標本採集に基づく日本の植物研究と、一般の人たちと植物知識を広く分かち合った普及教育活動の意義、それが及ぼした影響、そこから現在の私たちが考えるべきことについて捉え直し、社会に伝えることこそ、真の意味での牧野富太郎の顕彰である。

他人に迷惑をかけながらも自分中心でやりたいことを成し遂げられる人物は、自由な境地に立ったときにその能力を発揮できる。「自由は土佐の山間より」といわれた土佐人の性分かもしれない。牧野の生きた時代は、そういう人生を歩ませることを可能にした、いい時代だったのだろう。

第十一章 残された標本の行方

二つの誤解

「これが牧野富太郎の標本です」。私が博物館の展示でそういって来館者へ紹介すると、「さすが牧野先生ですね。こんなに綺麗に標本をつくられて」。かなりの確率でそういう答えが返ってくる。しかし、ここには二つの誤解がある。

標本をつくると呼べる工程は二段階ある。第一段階では、生きた植物を採集して、新聞紙に挟んで乾燥させて標本とし、その命ともいうべきラベルを作成して挿入する。ここまでは研究者が行う。なぜなら、ラベルはその標本を採った本人でなければつくりえないからである。

牧野富太郎が、標本の整理をほとんどしなかったことは、一般にはあまり知られていない。神戸の池長との関係の悪化も標本整理をしなかったのが主な原因だった。自然史の資料としての標本に命を吹き込むのがそれに付随するデータが書かれたラベルであるが、牧野の標本にラベルはなく、各標本の植物の同定すらもほとんどされていなかった。つまり、牧野の標本は新聞紙に挟まれて学名もつかないまま、無造作に束ねてあっただけなのである。

牧野が自分の標本にラベルをつけたのは、初期のころに東京大学標本室に収めたものと、神戸の池長植物研究所時代に整理したわずかに一部の標本に限られている。マキシモヴィッチに送ったものや、高校などに売却したものについては、もちろんラベルをつけていたが、それもほんの一部で、自宅に所有していた標本は、未整理の状態であった。

第二段階は、研究者によってつくられた標本とラベルを、台紙と呼ばれる紙にテープや糊（のり）を使って貼りつける。こうして初めて、一般の方が展示会などで目にする植物標本というものが完成する。この後半の作業をマウントまたはマウンティングといい、補助スタッフが行うのが一般である。

つまり、東京都に寄贈され、東京都立大学に所蔵されている牧野富太郎の標本は、ラベルを作成したのも台紙に貼ったのも牧野ではない。標本という形にしたのは、東京都立大学に設立された牧野標本館の歴代教官とスタッフなのである。

通常の植物学者の標本なら単に台紙に貼って整理するだけであるが、牧野富太郎の標本の整理には、膨大な時間を要することとなった。それはひとえに、標本の数のためではなく、整理しないままにただ残された標本だったからである。研究者がつくるべきラベルをつくらなかったことは、研究資料としての標本をつくらなかったことと同じといっても過言ではないかもしれない。

行動録を作成する

牧野の標本はしかも、ほとんど同定すらされていなかった。まずはそれらが何の植物であるのか、それぞれの植物ごとに当時の分類学の専門家に標本を発送して同定を依頼する必要があった。そうでなければ学名ごとにファイルされるハーバリウムに収蔵することができない。これだけでも大変な作業である。

牧野の標本には、学名とその学名を同定した研究者の名前がラベルなどに書かれているが、これを見れば牧野の標本の多くは牧野自身が同定したものではないことがよくわかる。牧野が直筆で新聞紙上に記した和名があるものについては、その部分が切り抜かれて台紙に貼られている。

牧野はたくさんの標本を採集したかもしれないが、じつはほとんどが標本を押して乾燥させただけだった。あれだけの図鑑やそのほかの著作を書き、教育普及活動に勤(いそ)しんでいた牧野にとって、過去に収集して山積みになった標本をあらためて整理することは時間的にもできなかったであろうが、性分としてもできなかったのかもしれない。

牧野標本の整理に膨大な時間を要した最大の理由は、採集地の確認だった。新聞紙上に牧野が走り書きした産地は、非常に簡単なものだった。自分はわかっているからか、他人にわかってもらえるような記録の残し方をしなかった。「垂水」と書かれてあっても、それが鹿児島県なのか兵庫県なのかわかるはずもない。「土佐唐谷（からたに）」といっても、高知県には唐谷という地名は、佐川にも高知市内にも、そして安芸（あき）郡にもある。

もう一つ、問題があった。牧野が所有していたからといって、その標本を牧野自身が採集したとは限らないということである。前にも述べたが牧野に標本を送った人物は、六〇〇人に上る。このことから、牧野がその日にどこにいたかという情報が、標本を整理するためには不可欠だったのである。牧野の「行動録」を作成する必要に迫られたのは、半世紀にわたって牧野の標本整理にあたってきた、牧野標本館の山本正江だった。

一方で、筆者はそのころ牧野植物園に在職しており、さまざまな地方の方から牧野に関する問い合わせを受けていた。自分の町に昭和の初め、牧野先生がいらしたと聞いているがそれはいつのことか、などという問合せを役場からもらったこともあった。牧野富太郎の「行動録」は、標本整理のためだけではなく、広く求められるものではないか、そう思った。こうして、山本と共同で「行動録」を編纂（へんさん）することになったわけである。

牧野の行動を調べるために、彼の残した日記、宿の領収書、旅先から出した手紙、交流のあった人物の日記や植物同好会のパンフレットなど、そのときの所在を知ることができるものは何でも参照した。こうして『牧野富太郎植物採集行動録』ができた。

しかし、その刊行から一五年以上が経過し、その後、埋まらなかった空白の期間が埋まったり、読み違えていた文字が判明したりした。同好会のチラシに講師として牧野の名があっても、実際に参加したかどうかはわからない。資料は複数参照する必要があった。さらに新たな資料からさまざまな情報を加えることもできた。そろそろ改訂の時期であろう。

危険な標本

さて、学名を発表したのであれば、すぐさまそれは台紙に貼られた標本とし、公共のハーバリウムに収蔵させるのが研究者にとって義務である。なぜなら科学の基本として、研究の再検討を他の研究者が誰でもいつでも行える状況にしておかなければならないからである。

牧野の標本は他のいかなる植物学者の標本と比しても、イレギュラーなものだった。後継の分類学者泣かせの非常に曖昧な、別のいい方をすれば注意を要する資料である。前にも述べたように、通常、標本ラベルはその標本を採集した本人が作成する必要がある。調査に同行してもいない第三者が作成すれば、研究資料データとして最も重要なラベルの情報を信用することができなくなってしまう。

しかし、牧野標本のラベルは、牧野の没後に東京都立大学で作成された。研究者が、論文を書く元になった多数の標本のラベルをまったく関係ない第三者が作成せざるをえなかったことは、世界を見ても極めて異例のことだったのではないだろうか。

一番危険なことは、牧野の標本を調査する後継の研究者がそのことを知らずに牧野が書いた標本ラベルとして見てしまうことである。矢田部良吉や早田文蔵が発表した学名のタイプ標本は、本人が作成したラベルとともに台紙に貼付した標本として完成されたものが東京大学の標本室に収められている。採集年月日の記録違いなどが存在する可能性はあっても、採集者や産地などの情報を含めてラベルは本人の手によるデータとして扱うことができる。

ところが、牧野が自邸に残した標本は、ラベルがないだけではなく、多くが植物名すら書かれていなかった。さらに通常、標本には論文で引用した標本との照合が容易にできるように採集者独自の番号(コレクター番号という)をつけることが現在では常識となっている。しかし、牧野の標本にはコレクター番号もなかった。

これらは、牧野が論文中で示している標本がどれを指すのかを極めて不明瞭なものとした。牧野富太郎が一流の趣味家であることは間違いないが、こうした振る舞いは一流の研究者のものとはいい難い。

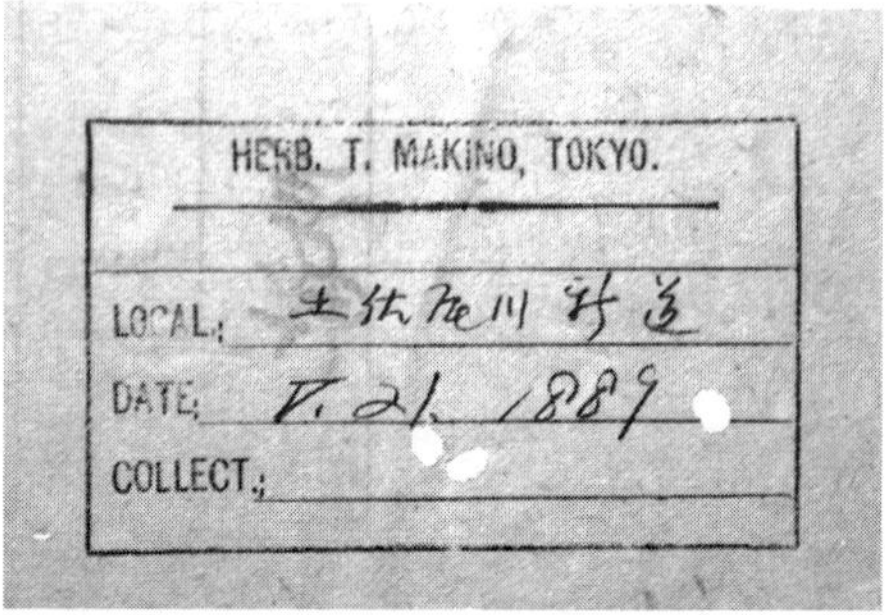

牧野富太郎標本保存委員会の標本整理票

標本の整理が終わる

牧野富太郎の標本は、東京都立大学に移される前、東京都練馬区大泉の自邸に華道家の安達潮花（ちょうか）の寄贈で建てられた標品館にあった。その標品館で粗整理が行われた。昭和二六年（一九五一）、当時の文部省によって「牧野富太郎博士植物標本保存委員会」が設置され、当時三〇万円の予算で一年間整理が行われたのである。

指揮をとったのは、牧野富太郎が創刊した『植物研究雑誌』の編集者だった東京大学の朝比奈泰彦で、富樫誠が助手として整理に当たった。このとき、本来だったら採集者がつくるべきラベルがなかったため、新聞紙上に書かれた産地情報や日付を記入して一時的なラベルとして整理票がつくられ、各標本に挿入されていった。

牧野の標本は、標本が挟まれた新聞紙に整理票が差し込まれている状態で当時世田谷にあった東京都立大学牧野標本館に移送された。牧野標本館では、その整理票を元に本格的な整理、つまり、産地、採集者、採集年月日など標本に必要な情報を日本語と英語の両方で書いたラベルをタイプライターで作成する日々が始まった。

整理票は一時的なものであり、牧野が記した原資料ではないので、ラベルができた時点で差し替えられた。また、このときラベルを英語表記としたことにより、牧野の重複する標本を世界のハーバリウムへも送ることができるようになった。しかし、中には整理票を入れたまま他のハーバリウムへ寄贈されたものがあり、受け取った先でラベルの如く貼付されてしまっているものがあるので注意が必要である。

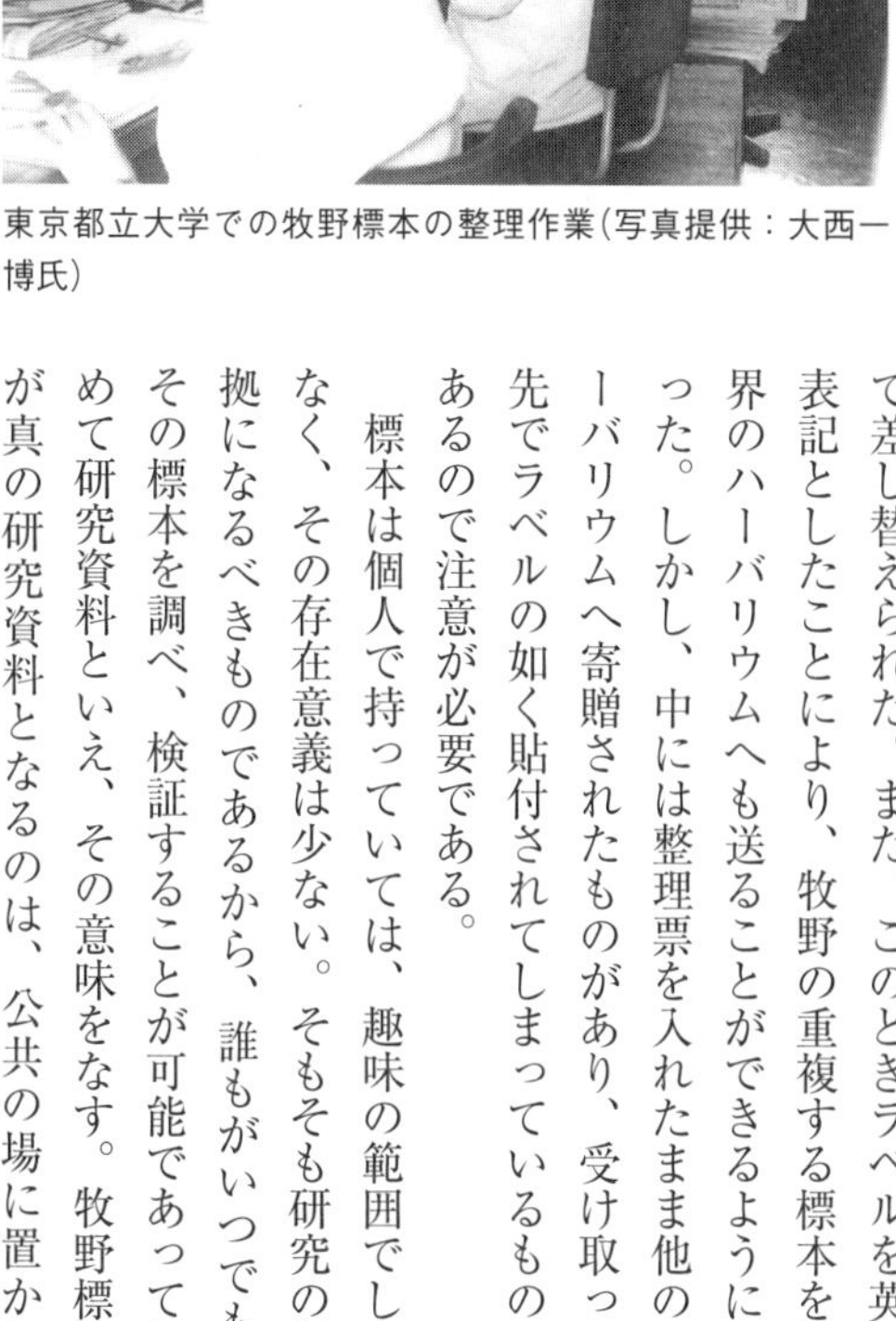
東京都立大学での牧野標本の整理作業（写真提供：大西一博氏）

標本は個人で持っていては、趣味の範囲でしかなく、その存在意義は少ない。そもそも研究の証拠になるべきものであるから、誰もがいつでも、その標本を調べ、検証することが可能であって初めて研究資料といえ、その意味をなす。牧野標本が真の研究資料となるのは、公共の場に置かれて、調べることができる状態になってのことである。

特に、これだけの学名をつけた牧野富太郎の標本には、それだけの数の学名の基準となるタイプ標本が含まれているのだから、なおさらのことである。しかし、じつは東京都へ寄贈されるにあたって、整理が開始された牧野標本の状態は、完全なものではなかった。すでに東京、神戸などを転々としている間や練馬の自邸で、虫害に見舞われた標本が少なくなかった。この時点で結構な数の標本は廃棄せざるを得なかったらしい。牧野が研究に使用し、論文に引用した標本が見つからないことが珍しくないのは、こういう事情があったからでもある。

最後に同定が難解なタケ・ササ類が残されていたが、その標本の同定が一通り終わり、標本台紙に貼られてキャビネットに収まったのは、令和三年(二〇二一)七月だったという。つまり、牧野の残した全標本が初めて他の研究者によっていつでも研究ができる状態になったのは、牧野の没後六三年が経過してからのことであった。

伝説を解き明かす

牧野富太郎にまつわる、伝説のように言い伝えられてきたさまざまな数字は、その多くに根拠がない。その一部はすでに確認した。残るは、生涯に何点の標本を採集したかである。

牧野が採集した標本の点数は、三〇万点、四〇万点、四〇万枚、約五〇万点など、牧野の出身地である佐川町のホームページに至っては、六〇万点余とされている。数も単位も資料によって定まらない。一番少ない数字と大きい数値の間に三〇万もの差がある。

つまり、学名の数についても標本数についても、あれだけ有名な牧野富太郎にもかかわらず、何もわかっていないに等しいことがわかる。いや、「わかろうとしてこなかった」が正しいのかもしれない。誰も調べてこなかったということである。本当に四〇万点も採集したのだろうか。おそらく分類学者ならこの数字を見た途端にあり得ないことがわかるに違いない。

牧野は、一点の標本をつくるために、植物から採れるだけ採集したことで知られる。多いときには、一本の木から二〇枚以上の標本を採集した。新種らしき植物を見つけると他人に見つけられることがないように採り尽くしたというのは有名な話である。

複数枚、重複してつくられた標本を、「デュプリケート（重複標本）」と呼ぶ。私たち分類学者は、通常、同じ標本を採れれば四～五枚採集する。もっとも、標本の点数とは、正確には標本の枚数ではない。

例えば、道端に生える一本のクワの木から五つの枝を採って、五枚の標本をつくっても、同じ場所で同じ植物から同じ時に採集したものは何枚あっても一点と数える。同じものなので、同じ番号をつけるのが常識なのである。筆者は高知にいたときから、牧野が自身で採集した正確な標本点数をいつか明らかにしなければならないと思っていた。

東京都立大学牧野標本館では、パソコンによるデータベースがなかった時代に、パンチカードに標本データを記録していた。牧野富太郎の標本もすべてパンチカードにデータが記録された。牧野の標本は前にも述べた通り、単に牧野が持っていた標本なのか、自身で採集した標本なのか、残されたデータが不十分であったために、このデータのみでは牧野が採集した標本の正確な数字を出すことはできなかった。

そこで、生涯をかけて牧野富太郎の標本整理作業に従事した山本正江に、標本を端から一枚ずつ確認し、行動録とも照らし合わせ、牧野自身による採集標本だけをリスト化して送っていただいた。その中から、デュプリケートと考えられる標本を産地と日付を比較しながら除いていったところ、実際に牧野が採集した標本点数は四〇万点よりはかなり少ないことが判明した。

牧野標本館に収蔵される牧野自身が採集した標本点数は、約四〇万点ではなく、約四万九〇〇〇点である。一点平均二~三枚あったとして、一〇万~一五万枚ほどになる。牧野が採集した標本は、東京大学などにも収蔵されているが、そんなに多くはない。

東京大学の牧野標本の正確な数字はわかっていないが、関係者によれば五〇〇〇点くらいではないかと見積もられている。あとは、他大学や高校などが所蔵するものを加えても約五万五〇〇〇点ほどではないかと推定される。これらの標本のデータベース化が完了すれば、より正確な数がわかるに違いない。

以前から関係者の間では、牧野は地方の研究家から送られたかなりの量の標本を所蔵していたこと、デュプリケートをたくさん採集していたことから、四〇万という数字は、おそらく点数ではなく、枚数のことで実際は一〇万〜一五万点くらいではないかといわれていた。予想していた数よりも少なかったが、枚数としてはほぼ予想通りである。

重複標本を含む牧野が所蔵していた標本は、あるいは四〇万枚だったかもしれないが、正しくは、「牧野は、約五万五〇〇〇点の維管束植物標本を採集した」ということになろう。

誰が世界で最も多く標本をつくったか

牧野は採集した標本数が膨大だとよくいわれるが、世界で最も標本を多く採集したことで有名なアメリカ人がいる。私は学生のとき、大学の分類学の講義でその名を初めて知った。米国ミズーリ植物園のジュリアン・アルフレッド・ステイヤーマークである。

生涯に二六ヶ国で一三万点の標本を採集して、二三九二もの学名を発表し、ギネスブックに登録されている。驚くべきことに一三万点は、枚数ではなく点数である。デュプリケートを含まずにこの数だから、枚数はとてつもない数になる。

ステイヤーマークは、牧野と同じフロラの研究者だった。ベネズエラ、グアテマラ、そしてミズーリのフロラである。しかし、その中でも特にアカネ科を得意とした。彼自身が採集した標本は、一三万二二二三点である。こう書いたところで何か気づいたことはないだろうか。牧野の採集した標本数は噂（うわさ）や推定でしかないのに対し、ステイヤーマークは一の位までの正確な採集標本数が把握されている。

その理由は、彼の標本には、連続したコレクター番号がつけられていたからである。ステイヤーマークは、初めの一万点以外は、フィールドノートにコレクター番号とともに採集標本のデータを残していた。そこに牧野富太郎と標本の採集法の違いが見て取れる。

ステイヤーマークは、高校卒業とともに標本の採集を始めたというが、仮に一六歳から採集を始めたとして、死ぬまで毎日休まず七点の標本をつくり続けなければ、この数にはならない。彼の標本は、シカゴフィールド博物館やミズーリ植物園のハーバリウム、ベネズエラにも保管され、研究に供されている。

牧野が標本に番号をつけて整理し、情報を記録したラベルを入れ、普通に標本の整理を生前にしていたなら、牧野標本がもっと早く活用されただろうし、何よりも本人不在の状態で第三者が研究資料を整理するという、科学的データとしての曖昧さを回避できただろう。それにも増して、さっさと公共のハーバリウムに収蔵しておけば、タイプだったかもしれない標本が虫害にあって粉となり失われることもなかったかもしれない。

デュプリケートの分類学への貢献

通常、ハーバリウムでは、一点一枚の標本のみを収蔵し、残りのデュプリケートは、国内外の他の博物館、大学、植物園などのハーバリウムと交換する。

同じようにして、それぞれの博物館では、デュプリケートを保管していて、他から交換標本が届くとそのストックから取り出してお返しをする。これにより、例えば一点の標本を五枚採集することにより、別の五点の標本に化けて、コレクションを充実できる。

また、牧野やその当時の植物学者もやっていたように、より専門の研究者に意見を聞くために標本を送ることがある。このとき、デュプリケートを送れば、元の標本は手もとにも残るし、相手にも届く。これがデュプリケートの役割である。

牧野の標本数がやたらに多く見積もられた理由の一つは、このデュプリケートの数だった。没後、東京都立大学牧野標本館では、このデュプリケートを元にして、国内外、特に海外のハーバリウムと交換を行った。

牧野標本館の二代目教授であった、水島正美は、積極的に海外との交換標本を推進し、北米やインドとも多数の標本の交換を行った。こうして牧野の残したデュプリケートのおかげで、日本のハーバリウムに海外産標本が集められた。日本のフロラと海外との比較研究の時代に入り、これらの資料は大いに研究に役立った。インドはその後、標本は国外に一切出さない政策を取ったため、この時代に入手した標本は貴重な資料である。

牧野自身は想定していなかったかもしれないが、彼が日本全国の山野で採りまくったデュプリケートは、標本コレクションを日本に増やすことにつながり、その後の日本の分類学に大いに貢献した。

昭和一二年（一九三七）、七六歳になった牧野が『子供之友』という雑誌に、小学生に向けて書いた記事が「植物学者として世界につくしたい」というものだった。そして、ここで次のように述べた。

「若い時分から集めた標本が五、六十万の数になりました。それを整理するのは大変な仕事ですが、私はそれを一生の仕事にするつもりでおります。そして、それを学問のために世に残しておきたいと思っております」

ずいぶん時間がかかったにしても、また、とうとう自分で整理はできず課題を残したものの、牧野が望んだように彼が収集した標本は、明らかにその後の研究に確実に役に立ったといえる。

牧野標本が語ること

牧野の採集した標本は、山間地に限らなかった。往々にして研究者は、山野に分け入って、珍しいものを探そうとする。しかし、フロラをまとめようとするときになって、都市部や人家周辺で見られる普通の種類の植物の標本が少ないことに気づくことがある。

東京の都心などは、帰化植物や園芸植物の逸出の宝庫であるが、都心で採集された標本というのは意外に少ない。牧野は、『牧野植物混混録』に「東京辺から消えた植物、殖えた植物等若干を述べてみる」を寄稿している。これは晩年になり、自分が東京に出てきたころに見たり採集したりした植物について、その後、見られなくなったものや、逆に以前はなかったが最近見られるようになった植物のことを記したものである。

その中で、明治一八年（一八八五）には、東京・牛込（うしごめ）のお濠（ほり）にドクゼリが生えていたことやキンポウゲ科のアズマイチゲが、旧農大通りが渋谷に出る少し手前の崖地の土に生えていたなどを標本に基づいて記した。農大通りは、いまの文化村通りと考えられる。

当時の渋谷は、山地に生えるアズマイチゲも見られるほどの田園風景だったのだろう。アズマイチゲが生えていたとは現在からは想像できない。それからすぐに人家ができて絶えたと記されていることから、そのとき牧野が採集した標本は貴重な資料である。

牧野が明治二五年（一八九二）に記載したオトギリソウ科植物に、その名もトサオトギリ

（ヒペリクム・トサエンセ・マキノ）というものがある。牧野が採集した標本では、昭和九年（一九三九）八月に高知市一宮村の逢坂山で採集された一枚の台紙に三個体の花つきのトサオトギリが貼られている立派な標本が残されている。当時は珍しくはなかったのだろう。平成六年（一九九四）以降、高知県ではトサオトギリは確認されなくなってしまった。絶滅した可能性がある。

標本は、分類学の研究資料としてだけではなく、時代を超えてさまざまなことを語る。当時、そこにどんな植物が生えていたのか、最近の同じ場所で採られた植物と比較してその場所の環境がどう変わったのか。長い年月をかけて、代々の分類学者たちが収集し、ハーバリウムに蓄積された標本から植物の分布の変遷や環境の変化など知ることができる。

牧野富太郎は、都心でも毎日のように標本を採り続けた。明治四〇年代から大正はじめにかけての帝室博物館の嘱託時代は、上野公園でもよく標本を採集している。目的もなく採ることそのものを目的として何気なく採集した標本が、将来、何を語ってくれるのか、採ったときに採った人には想像もできないことがそこからわかるかもしれない。

標本の蓄積という日々の積み重ねこそ重要であることを、牧野標本は語っている。

コラム6 ラミントンテープという発明

実際のコレクターではない第三者が他人の標本の採集地を調べることはとてつもなく時間と労力を要することであるが、標本の台紙への貼付もまた時間を要する。

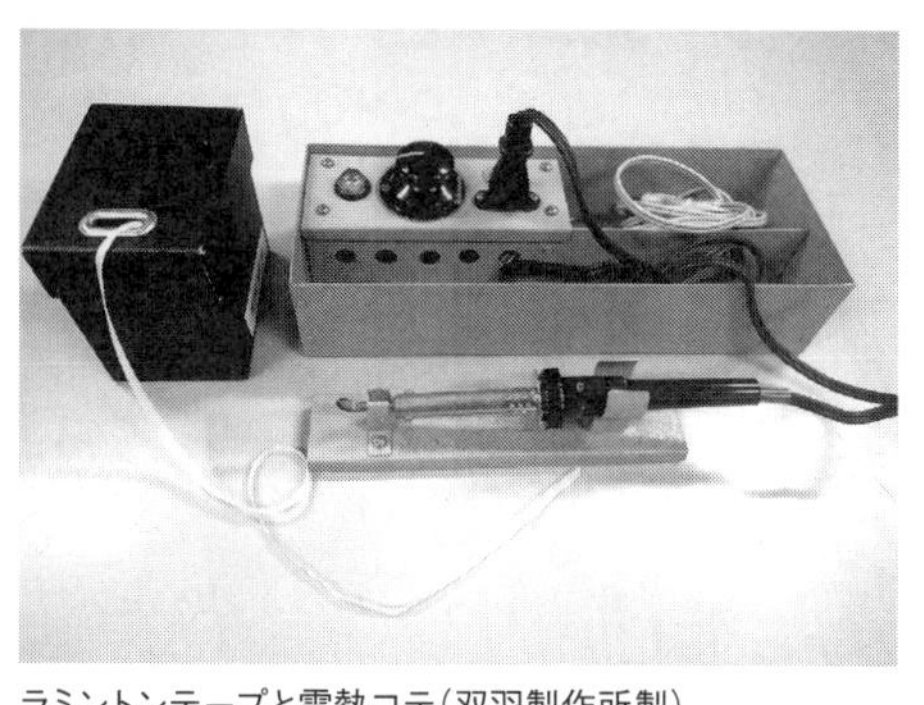
ラミントンテープと電熱コテ（双羽製作所製）

標本は、やや厚めの台紙に枝や葉など、要所要所にテープを用いて貼り付ける。ラベルやテープに用いる糊は、代表的なものにアラビアガムがある。アラビアガムは、アフリカ産のマメ科アカシア属の樹木の樹液から採れるもので、その保存性から博物館の資料にはよく用いられた。

日本でも、紙を帯状に切り取ったものにアラビアガムを塗り、標本を貼付することが多かった。しかし、これは紙を切り取る作業、アラビアガムを塗布する作業とともに、糊が乾くまで待たねばならないので、それなりに時間を要するものだった。

昭和四七年（一九七二）、当時の東京大学の金井弘

夫は、紙の片側にポリエチレンをコートしたラミネート紙を活用して、標本の貼付テープにする方法を考案した。ラミネート紙を標本の貼付に合った幅でテープ状にし、それを電熱コテで粘着させたい部分を押し付けることで、片面にコーティングされたポリエチレンを熱で溶かして粘着させるという仕組みである。

その後、改良を重ね、昭和四九年(一九七四)、市販される最中(もなか)などの和菓子の包装によく用いられているポリエチレンが片面にラミネートされている和紙(片面がツルツルしているもの)を、標本に適した幅で切ったテープと、電熱コテを組み合わせた新たな標本貼付法として発表された。

この方法は、『植物研究雑誌』の第四七巻及び第四九巻に掲載され、世田谷にある双羽製作所という小さな工場から売りに出された。テープの商品名を「ラミントンテープ」と呼ぶ。この画期的な方法により、牧野標本の貼付作業は飛躍的に加速化された。

第十二章 これからの牧野富太郎へ

記載された植物のその後

牧野が記載した植物の中で最大の業績の一つと考えられるヤッコソウは、宿主から完全に栄養分を奪って生きる全寄生植物で、葉緑素をもたない。その独特な草姿が「奴さん」に見立てられているのだ。

その顔にあたる部分が花で、手に当たる部分は鱗片状になった葉になるが、その脇の部分にたっぷりと蜜を溜める。花は包帯のような帯状のものを纏っているが、これは葯帯、つまり雄蕊である。脇の下に溜めた蜜を吸いに訪れる昆虫に花粉がつき、運ばれるようになっている。

その後、葯帯はぽろりと落ちて中から雌蕊が現れる。雄蕊の時期と雌蕊の時期をずらすことで他家受粉をするような仕組みになっているのである。では、この風変わりなヤッコソウは、どんな昆虫が花粉を運ぶのだろうか。それがわかってきたのは、ごく最近のことである。

神戸大学の末次健司は、鹿児島に自生するヤッコソウの生態を調査し、その結果、スズメバチ、ゴキブリ、カマドウマの仲間が花を訪れて花粉を運ぶことを明らかにした。ヤッコソウの花が放つ発酵臭を好む昆虫類が訪花するという。特にカマドウマ類が、ポリネーター（花粉媒介者）として報告されるのは世界で初めてのことで、この成果は国際誌『プラント・バイオロジー』二〇一九年一月号に掲載された。
ヤッコソウ以外では、ウマノスズクサ科のタマノカンアオイ（アサルム・タマエンセ・マキノ）は、その後のカンアオイ類の送粉様式などの生態研究に活用された。地表ギリギリの低い位置に暗紫色をした花を開花させるタマノカンアオイの花には、キノコバエの仲間が訪れて花粉を運び、またそのキノコバエは、カンアオイの花に産卵するという珍しい生態もわかってきた。

一方、牧野が九州の熊本県で上妻博之が採集した標本に基づいて記載したヒメナベワリ（クローミア・キウシアナ・マキノ）は、その後の比較研究の結果、本書でも紹介したオランダの植物学者フリードリッヒ・アントン・ヴィルヘルム・ミクェルが、一八六五年に発表したクローミア・ヤポニカ・ミクェルと同一植物であることがわかったため、牧野の学名はクローミア・ヤポニカの異名として扱われ現在は使われていない。現在は、クローミア・ヤポニカ・ミクェルが、牧野がつけた和名ヒメナベワリの学名として使われており、日本と中国に分布する。

このように、牧野が学名をつけた植物は、後世の植物学者によって、研究が続けられ、さまざまなことが明らかになってきている。牧野が生涯に記載した植物は、後継の研究者によって、その記載そのものの妥当性も比較検討されるとともに、さまざまな分野の研究がなされていった。近年では、分子系統解析などの遺伝情報を活用した系統分類の手法が進み、分類の再検討も含めて牧野が記載した植物の詳細な研究も進められるようになった。

分類学での記載は、それが終着点ではない。学名がついて新たな植物が明らかになることは、学名がついた植物を、例えば今度はそれがどのように生きているのか、という生態研究や、薬効はあるのか、などという薬学的研究に至るまで、植物に関するすべての分野の出発点となるからである。

収集から比較の時代へ

牧野富太郎の時代は、いまのように容易に海外での調査ができなかった。そのため、それぞれの国で、その国の分類学者が、周辺と十分に比較できないまま記載をせざるをえなかった。本書でも前に紹介したように牧野が日本で記載した植物も、その後、比較研究が進んで、すでに記載されていた周辺地域の植物と同じだったことが明らかになり、使われなくなった学名も多数ある。

逆に、南洋群島の植物研究で知られる金平亮三が台湾から記載したマルバコンロンカ（ムサエンダ・タイワニアナ・カネヒラ）は、比較の結果、牧野が明治三七年（一九〇四）に高知県幡多郡下ノ加江（しものかえ）から渡邊協（かなう）の標本に基づいて記載したアカネ科のヒロハコンロンカ（ムサエンダ・シコキアナ・マキノ）と同じ植物であることがわかり、ムサエンダ・タイワニアナは、シコキアナの異名となり、マルバコンロンカは、ヒロハコンロンカの別名となった。

少なくとも戦後の日本のフロラの研究は、次第に近隣地域との比較の時代に入りつつあった。日本列島が元は中国大陸と接していたことを考えれば、列島の上にある植物は大陸の植物を起源とする。それが日本海を隔てて離れ、島国となったことで、新たに日本固有の種類に分化した。日本には、日本にしかない種（固有種）が多いのはそのためである。

しかし、これまで日本と最も詳細な比較検討が必要な中国の植物との比較が十分に行われなかった。一九六〇年代に始まった東京大学のインド・ヒマラヤ調査は、核心の中国ではなく、大陸のさらに西の端にあたる植物との比較を行ったものである。中国との比較研究はいまだに十分とはいえない。

牧野がじつに一三〇年以上前に最初に発表したヤマトグサでさえも、日本固有の種類なのかどうかいまだにわかっていない。中国の植物誌には、確かに「テリゴヌム・ヤポニクム・オオクボ・マキノ」の学名がある。つまり、ヤマトグサは中国にも生育していることを示している。しかし、それが本当に同じ植物かどうか、十分な比較がなされていない。

牧野が研究したツチトリモチの仲間は、アジアからアフリカ、オーストラリアに約二〇種が分布している。日本には、ツチトリモチ（バラノフォラ・ヤポニカ・マキノ）やキイレツチトリモチ（バラノフォラ・トビラコラ・マキノ）、ミヤマツチトリモチ（バラノフォラ・ニッポニカ・マキノ）など六種が分布する。

このうちツチトリモチ、ミヤマツツトリモチ、ヤクシマツチトリモチは、いずれも日本では雌株しか知られておらず、単為生殖（雌株のみで種子をつくって殖える）を行っている。近年、ツチトリモチとヤクシマツチトリモチが、台湾でも発見された。日本で見つかっていないそれらの雄株が見つかる可能性も期待されている。

日本の植物を解明するためには、日本の標本だけを集めていてもできない。比較研究のためには、周辺地域の標本が必要である。明治から大正は、自国の標本を収集することが先決であり、それに集中していた時代であった。台湾や満州からは標本が入っていたものの、そのほかの地域の標本は、主として戦後に集められるようになったのである。

受け継がれる地域フロラ

牧野の死後、彼が踏査しなかった地域からは、まだ日本でも新種が見つかるといわれていた。牧野は在野の植物研究家との交流によって、より高い精度での日本の地域フロラの解明に寄与したが、その活動は牧野の死後も、観察会、採集会、同好会などの交流の場で育てた、あるいはその教えに影響を受けた人々に引き継がれていった。

横浜植物会は、令和五年(二〇二三)で創立一一四年を迎え、活動が盛んな同好会の一つとなっている。明治四四年(一九一一)に設立された東京植物研究会は、のちに東京植物同好会となり、昭和三〇年(一九五五)に現在の牧野植物同好会と名称を改め、現在に至っている。野外植物研究会も活動が続けられており、会誌の発行と野外観察会や室内座談会を実施している。

一方、関西では、牧野が池長植物研究所にいた時代の昭和五年(一九三〇)に発足した兵庫県博物学会が、のちに兵庫県西宮高等女学校校長山鳥吉五郎の兵庫県中等教育博物学会と合併して活動を行うものの、第二次世界大戦でやむなく中断する。しかし、その精神は受け継がれ、戦後に兵庫県生物学会や兵庫県植物誌研究会が発足し、戦前に牧野の協力のもとに培われた地域植物研究の灯(ひ)は消えることはなかった。

牧野は、よく「誇り」という言葉を植物に用いた。サクラは、「日本で誇りにたる第一の植物である」と述べ、オンツツジは、「土佐の誇りに足る植物」と話した。牧野が広めた植物趣味の集いである同好会や研究会に、一人でも多くの若い世代、特に理科の教員が参加し、自然そのものについての理解を学校教育でも再び大事にしてもらいたいと思う。

牧野が常に誇りとしてきた豊かな日本の植物相について学び、それが日本の文化とともに守られ、さらに後世に残ることにつながるのであれば、牧野風にいえば「万々歳」であろう。

郷里に残したもの

牧野富太郎の郷里である高知県高岡郡佐川町は、「佐川山分学者あり」といわれるほど、文士学者を多く輩出した土地として知られる。牧野は、東京へ出たあともしばしば土佐佐川で植物標本の採集調査に勤しみ、寺田寅彦や吉永虎馬（とらま）ら同郷人との交流も重ねていた。

吉永虎馬は、高知博物学会の結成に力を注いだ人物であり、高知博物学会は、機関紙『土佐の博物』や『博物会報』を出した。また、牧野は、「植物の国土佐に同好会の組織せられないのは甚だ遺憾に思われて仕方がない」と述べていた。その意向から吉永は、土佐植物同好会を組織することに尽力した。

昭和九年（一九三四）八月一日から四日まで、牧野富太郎と吉永虎馬を講師とする植物採集講習会が高知県の長浜、横倉山、室戸で開催された。開会式が高知県立城東中学校講堂で行われ、三日間の採集研究会が開催され、県内外から約一四〇名が参加した。

参加者名簿には、地元教育界の面々に加えて、兵庫県西宮高等女学校校長の山鳥吉五郎、大阪樟蔭高等女学校の竹下英一、愛媛県新浜高等女学校の山本四郎らの名前がある。東大や京大の学生も参加していたようである。この採集講習会が当時の高知の教育界に果たした貢献は多大であると考えられる。

その後、昭和五〇年（一九七五）に『高知県植物誌』を編纂することを目的に土佐植物研究会が発足し、会誌である『高知県の植物』にその研究成果などを発表してきた。この土佐植物研究会が主導的役割を果たして牧野の蔵書類を所蔵する高知県立牧野植物園と高知県により平成二一年（二〇〇九）に『高知県植物誌』が刊行された。牧野富太郎が、『土佐植物目録』を手にして、東京の博物局の門を叩いてから、じつに一二八年後であった。

高知県佐川町の牧野公園にある牧野富太郎の墓石

佐川の生家跡地には、牧野ふるさと館があり、牧野の遺品類が展示されている。同じく佐川の牧野公園は、牧野が愛した桜の名所となっている。佐川公園には墓碑があり、遺骨は東京谷中の天王寺墓地と佐川で分骨されている。牧野の郷里佐川では、いまもなおさまざまな形で牧野富太郎の顕彰が行われている。その一つが牧野賞科学展である。

牧野賞科学展は、佐川町と佐川町教育委員会の主催で、佐川町の小中学生を対象として理科の研究発表や植物画の優秀な作品に対して賞を授与するもので、昭和六〇年（一九八五）から開催されている。

令和三年（二〇二一）も、佐川町の文化施設の桜座、佐川町文化センターを会場に「牧野賞科学展　科学研究発表会」が開催された。新型コロナウイルスの影響によって、科学研究発表会はオンラインで実施されたというが、牧野の足跡が郷里でまさに牧野が望んだ若い世代への科学的視点の涵養（かんよう）につながっているのは素晴らしいことである。牧野富太郎は、いまも郷里に生きている。

神戸に残る影響の大きさ

牧野が長年過ごした神戸の地にもまた、当然、牧野の足跡が色濃く残っている。

いよいよ生活が貧窮すると、収集した標本を売って生活の糧にする必要まで出てきたころ、神戸の資産家、池長孟が資金の援助をしたことは、これまで何度となく多くの著作で紹介されてきた。

会下山小公園のベンチ(右)と、公園までの坂にかけられた「牧野坂」の看板(左)。ベンチは、牧野の神戸滞在中の常宿「会下山館」の門柱の一つだった

また、牧野富太郎が神戸を拠点に活躍した時代のことは、白岩卓巳『牧野富太郎と神戸』に詳しい。牧野は池長孟の支援により、彼が父親から譲り受け、神戸の会下山(えげやま)に移設されていた兵庫尋常高等小学校の建物、正元館を標本の受け入れ施設とした。これが、大正七年(一九一八)に開所式が行われた池長植物研究所である。

しかし結局、牧野は神戸に活動の起点ができたことにより、野外調査、標本採集に明け暮れて、ちっとも標本整理をしなかった。そのことが原因で池長との関係は悪化し、池長植物研究所は、研究所として機能しないうちに閉所した。

その跡地は、会下山小公園として、ノジギクやスエコザサなど牧野が記載した植物が植栽され、以前そこにあった池長植物研究所の説明板が設置されている。その中に石造りのベンチがある。坂の下には池長が神戸での牧野の宿として建てた会下山館があった。このベンチこそ会下山館の門柱である。

阪神淡路大震災のとき、二つの門柱が倒れたが、牧野の住んでいた住居の門柱だから廃棄しないでほしいとの近隣住民の要望に行政が応えた形で奇跡的に保存されるに至った。もう一方の門柱は、会下山館の近くの川池公園にある。そして、会下山館から池長植物研究所跡地の会下山小公園へ登る坂道は、いつしか「牧野坂」と呼ばれるようになった。

奇跡的に救われた二つの門柱、そして「牧野坂」と記された看板が、神戸市民にとっての牧野富太郎の存在の大きさをいまに伝えている。池長植物研究所も、その後に安達潮花によって寄付された練馬の標品館も、ハーバリウムと呼べるような代物ではなく、いわゆる標本を一時的に保管するための倉庫だった。

池長植物研究所はただ標本の倉庫となっただけで、機能しないまま幕を閉じたが、この研究所が存在した大正から昭和にかけて、牧野は精力的に西日本の標本採集を行い、そこから多くの知見が得られた。牧野富太郎の関西での教育普及活動や研究活動拠点となったことは明らかである。池長植物研究所の意味はそこにあったと考えることができる。

牧野の名を冠した施設

同じ植物分類学者として思うことがある。これまでも、そしてこの先も牧野富太郎ほど社会とともにあり、そして注目される分類学者は出てこないのではないか、と。

「牧野」の名を冠した顕彰施設は、東京練馬区の練馬区牧野記念庭園と記念館、八王子市にある東京都立大学牧野標本館、神戸市にある会下山の牧野小公園、高知県にある高知

練馬区牧野記念庭園（練馬区東大泉）

東京都立大学牧野標本館（上）と、その中にあるハーバリウム（東京都八王子市）

県立牧野植物園、郷里佐川町にある牧野ふるさと館、そして牧野公園がある。同じく佐川町の青山文庫には「牧野富太郎室」という展示室があり、牧野の事跡を遺品で偲べる。

一植物分類学者の名前を関する顕彰施設がこれほど全国にあるというのは、他に例がな

高知県立牧野植物園（高知市五台山、写真提供：高知県立牧野植物園）

地元で桜の名所として知られている牧野公園（高知県佐川町）

い。その理由の一端を、本書では示してきたつもりである。牧野ほど、世人とともにあった分類学者はいなかった。

牧野の人間ドラマばかりに着目する時代は終わりを告げようとしている。彼がどういう研究を行ったのか、それはどのような意義を持っていて、どう受け継がれているのか。彼の破天荒な生き方を当時の日本社会が受け入れたのであったとすれば、現代とは何が異なっていたのか。

彼の生き方とそれを可能にした時代、社会を見つめ直すことは、さまざまな観点から現代への問題提起になっているように思えてならない。本書は、その中核となるであろう植物研究について、中立な立場と実際の調査に基づいて紹介したものである。

世界のフロラはいまもわかっていない

牧野富太郎が精力的に日本のフロラ研究を先導したことで、日本はアジアの中で最もよくフロラが解明された地域の一つになった。

書店へ行けば美しいカラー写真が満載されたフィールド図鑑が並んでいる。『岩手山の植物』『能登の植物』『北海道の植物』など、県やさらに地域的な図鑑まで出版されている。日本ほどフロラの解明度が高い国はそうない。その草分け的存在が、本書で紹介した牧野富太郎である。

世界のフロラを調べることは、地球の資源を把握するという、人類にとって極めて重要な行為である。食卓に上るサラダのレタスもブロッコリーも、餃子の皮の小麦粉も、中身の餡(あん)のニラやニンニクも、もとはといえば、野生植物としての記載から始まり、研究の過程で有用性が見出されたものである。この地球上のどこにどのような植物が存在するのかを調べてきた植物分類学の研究の上に私たちの暮らしが成り立っている。

現在、世界の国々ではフロラ(植物相)がわかっていると呼べるレベルの国のほうが少ない。植物の多様性が高い東南アジアでも植物誌(フロラ)が完全に出版されている国はない。タイもベトナム、ラオス、カンボジアも、シンガポールですら刊行途中なのだ。

ミャンマーのように一九世紀にイギリス領時代の植物誌以降、新しい近代的な植物誌の刊行計画さえない国もある。植物の三分の二は、熱帯を中心として分布しているが、調査はまだ不十分で、東南アジアだけでも二〇一七年から七年間で、じつに三〇〇〇種もの新種が発見、記載されている。植物の多様性の高さ、種数の多さに比べて、牧野富太郎のようにある地域の植物を標本にし、調べ上げるような仕事をする植物分類学者の数は圧倒的に不足している。

地球のどこにどのような植物が存在するのか、それを知らなければ私たちが持続的に利用できる資源にどのようなものがあるのかも知ることができない。研究が停滞すれば、私たちがその存在を知らないうちに絶滅してしまう可能性がある。

これまで分類学の研究から、地球上にさまざまな植物が存在することが明らかになってきた。そして、その中から多くの人間生活に有用な植物が見出され、それを私たちは利用してきた。地球上の生物が、生態系の中での生産者である植物なしでは生きられないのと同様に、人間生活も植物なしでは成り立たない。

牧野富太郎の行った研究は、牧野自身にとっては道楽でもあったかもしれないが、いまもそのような分類学者を必要としている地域は、世界に無数にある。一日も早く、地球植物誌を完成し、二次的な応用研究への素材となる基礎データを提供するのが、現在の植物分類学者の役割だろう。

世界の主要な植物園や博物館では、それぞれの対象地域で盛んにフロラやモノグラフの研究がなされている。英国王立エジンバラ植物園ではネパール、ニューヨーク植物園やミズーリ植物園では中南米地域、オランダのナチュラリスバイオダイバーシティーセンターでは、東南アジア島嶼部のフロラ（マレシア植物誌）を組織的に行い、それらをテーマにして連携する大学教育も行っている。

一方、日本の大学では、牧野富太郎が日本で行ったような、そしていま地球で求められているフロラやモノグラフなどの基礎的な分類研究を行っている研究室がほとんどなくなった。下手すると植物より先に分類学者のほうが絶滅するかもしれない。

地球上のまだ誰も調査をしていない森に分け入り、そこにある植物を明らかにする。誰も見たことがない植物を見つけて分類の研究を行い、新種として学名を発表する。自分の名前も学名の著者名として永久に残される。こんな好奇心に溢（あふ）れ、魅力があり、かつ必要とされる分野を日本の学生は専攻できない状況にある。

牧野富太郎が、いま一度振り返られるこの機会が、日本の若者に分類学に興味をもってもらえる機会となれば、誰よりも牧野本人が喜ぶだろう。

牧野富太郎という実験

牧野は、晩年のインタビューで次のように述べている。

「途中、邪魔をされたりしましたが、一人の人間が一生でどれだけのことができるかということを示すことができたんではないかと思います」

牧野の活躍を考えてみると、生涯を通じて特定の組織にどっぷりと浸かった組織人ではなかったことが功を奏したといえる。ナチュラリストとして、趣味に生きることができたことが、結果的に偉業を成し遂げることにつながった。

日本の大学の研究者は、初等、中等教育の教員と同じく、学務や事務業務、雑務に追われる日々を過ごし、自分の研究に費やせる時間に限りがあることが昨今問題となっている。分業化が行き届いた欧米の体制とは異なり、日本の教員が教育、研究に専念できないという問題は、しばしば指摘されているものの大きな改善は見られない。

大学や教授たちとの間に確執を生んだこともあった牧野ではあるが、自分の性分を理解している牧野にとっては、それもある程度仕方がないことだったと思っていたのではないだろうか。それは東大から文献や標本の利用をやめるように告げられたときに詠んだ牧野の次の句にも見え隠れしている。

長く通した我儘（わがまま）気儘（きまま）　もはや年貢の納め時

牧野富太郎の伝記を芝居の脚本に書いたこともある作家の池波正太郎は、昭和三二年（一九五八）の雑誌『小説倶楽部』三月号で、牧野のことを次のように表現している。

「世の中に息をしている限り、どんな人間でも世渡りの駆け引きに自分を殺さなくてはならないのが、常識とされているのだが、強情を通し抜いた彼は、弱いとか強いとかいうよりも、むしろ幸福な男だったと言えよう」

牧野富太郎は、費やせるだけの生涯の時間を趣味の植物研究に費やし、趣味で得た知識を自由気儘にユーモアを交えて世に伝え、前述したように他人の間違いを見つけると、さぞ嬉しそうに、自分がいいたいことをいいたいように情け容赦なく指摘した。

明治、大正、昭和を生きた天下一品の植物オタク。牧野富太郎ほどストレスなく人生を生き抜いた男は珍しい。自分らしく自由に生きることこそ、長生きの秘訣であり、大きな業績を残すことにつながる——彼の人生はそうした実証実験のようなものだったのではなかろうか。

おわりに

牧野富太郎を表す、最も確からしい形容語は何だろうか。

牧野の名前の前には不思議なことに必ずといっていいほど「植物分類学の世界的権威」や、「日本の植物学の父」などの形容が伴われる。土佐佐川村の山野で芽生えた草や木への好奇心、執拗にその名前にこだわり、日本産の植物につけた学名は、リンネについで多い。日本の植物相を明らかにすることや、数多くの植物愛好家を育てるために日夜奮闘した九五年の人生。

牧野が七二歳のとき、帝国大学新聞社が出版した科学随想『研究と世間』の中で、「私は植物の愛人としてこの世に生まれ来たように感じます。或いは草木の精かも知れんと自分で自分を疑います、ハヽヽヽ」といつもの漫談調で語った言葉こそ、彼の人物像をよく表している。

彼はまた植物を「学んだというより遊んだ」と語った。彼の植物研究と普及活動をこうして眺めてみると、まさに趣味の人生だったように感じられる。趣味一色の人生を歩むことができた最大の理由は、生家に恵まれ、いわば資金を持ち合わせていたことである。

さらに、資金が尽きても植物に対する探究心は尽きることなく、植物趣味に対するそんな一途な姿勢とマスコミの報道、世間の評価、すべてが窮地を救う方向に風向きを変えていった。そこには、彼自身の人生における選択と、草木と草木が導いた人との出会いがあった。

現在なら、小学校も出ていない青年が東京大学の教員に採用されるのはほぼ不可能である。ろくに稼ぐこともせず、家族の面倒をみる気さえない、この上なく自分勝手な男が幸福な一生を送ることができたのは、奇跡的だったというより、そういう人間を許容した、いい時代を生きることができたからだと思う。

劇作家の田中澄江は、雑誌『中学生の友』に書いた「牧野さんの思い出」の中で、牧野の人生を次のように語った。

「先生はなんという幸福な方だろう。先生はたとえ、地上のすべての人からそむかれても、裏切られても、地上のすべての花々から慰めや喜びを受けることがおできになる。人間の心の変わりやすくたよりないことを思えば、年々歳々、同じように変わりなく咲く花々に、なぐさめを求めるひとは、人間に期待するよりも幸せなひとだと言えましょう」

こうして牧野富太郎という人物を、その真の活動を通じて振り返ってみると、「植物学の世界的権威」も「世界的な植物学者」も、ましてや「日本の植物学の父」もそぐわない。彼に最もふさわしい言葉は、牧野自らが称した「草木の精」ではないかと思う。草木の精、牧野富太郎。人からそう呼ばれることこそ、彼自身が望むものだったのではないだろうか。

牧野の死後、国際植物分類学会の機関誌『タクソン』に、追悼文を書いた久内清孝と原寛は、牧野富太郎を最もよく表す言葉として、ラテン語詩人ウェルギリウスの次の言葉を引用した。

"trahit sua quemque voluptas"（人は自分の喜びとするものに惹きつけられる）

さて、令和三年（二〇二一）の春、高知の知人から一本の酒が届いた。「マキノジン」である。牧野が妻に献名したスエコザサや高知産のショウガやブッシュカンなど一二種類の植物を漬け込んで蒸留している。司牡丹酒造で一〇年以上稼働していなかった蒸留器を再稼働させてつくられたという。

マキノジンは、まさに牧野富太郎の生家岸屋の跡地でつくられた。岸屋の跡地が、マキノジンを蒸留するマキノ蒸留所になっている。牧野の名を冠した施設に、新たに「マキノ蒸留所」を加えなければならないだろう。マキノジンでつくったジンライムは、じつに牧野富太郎らしいクセのある味であった。

令和四年(二〇二二)の一月、NHK連続テレビ小説「らんまん」の関係者の方々が研究室にお越しになり、植物監修を依頼された。

朝ドラは、自然科学番組とは異なり、季節を無視して撮影されることをよく知っていた私は、植物とともに生きた牧野富太郎をドラマのモデルとするなど正気の沙汰(さた)ではないと思った。しかし、高校時代から牧野図鑑にお世話になり、牧野標本館で学位を取得し、牧野植物園で一〇年以上を過ごしたこともあり、牧野先生への恩返しと思ってお引き受けした。

翌月、今度はNHK出版の山北健司氏が訪れ、牧野富太郎についての本を書いてくれという。牧野富太郎についての評伝は数多く出版されているものの、植物学における業績をわかりやすく一般に向けて書いたものは意外にないという理由だった。

これには、同感した。朝ドラではモデルなだけで、そこに登場する万太郎は、万太郎であって富太郎ではない。すでにいくつもの小説で描かれている牧野富太郎がさらにドラマになることで、真の姿が見失われる可能性もあった。そこで迂闊(うかつ)にも引き受けてしまった。

監修の仕事は予想どおり大変なもので、日常の時間の多くをドラマのそれに奪われたため、本務とドラマの仕事の合間を縫って、本書を書くことになった。時間が十分にとれず、中途半端な筆者の文章を編集の山北氏がセンス良くまとめてくださった。厚くお礼申し上げたい。

本書は、高知県立牧野植物園時代に筆者が調査した資料に基づくところも多い。練馬区牧野記念庭園の牧野一淳氏には、牧野先生の写真を複数ご提供いただいたほか、田中純子氏にはご助言いただいた。また、大西一博先生には牧野標本を整理する世田谷時代の牧野標本館の貴重な写真を提供いただいた。

山本正江氏は、筆者のためにいろいろと調べてくださり、その資料をご提供いただいた。東京都立大学の加藤英寿先生や東京大学の清水晶子氏には、牧野の標本についての情報をいただいた。ここに記して感謝の意を表したい。

二〇二三年一月二七日

田中 伸幸

朝比奈泰彦を委員長として標本整理が始まる。7月、第1回文化功労者

1952年（昭和27）91歳　佐川町生家跡に記念碑が建つ（「牧野富太郎博士生誕の地」）。

1953年（昭和28）92歳　1月、『原色少年植物図鑑』（北隆館）出版。3月、『随筆植物一日一題』（東洋館書店）出版。8月、『原色日本高山植物図譜』（誠文堂新光社）出版。10月、東京都名誉都民になる。

1954年（昭和29）93歳　5月、『学生版原色植物図鑑　野外植物篇』（北隆館）出版。12月、『学生版原色植物図鑑　園芸植物篇』（北隆館）出版。

1956年（昭和31）95歳　1月、『牧野植物一家言』（北隆館）出版。4月、高知県高知市の五台山に牧野植物園の設立が決まる。9月、『植物学九十年』（宝文館）出版。東京都立大学内に牧野標本館の建設が決まる。11月、『草木とともに』（ダヴィッド社）出版。12月、『牧野富太郎自叙伝』（長嶋書房）出版。高知県佐川町の名誉町民になる。

1957年（昭和32）96歳　1月18日、永眠。従三位勲二等旭日重光章、文化勲章を受賞。

1958年（昭和33）　高知県立牧野植物園開園。東京都立大学牧野標本館開館。練馬区立牧野記念庭園開園。『植物随筆　我が思ひ出』（遺稿、北隆館）出版。

『趣味の植物採集』(三省堂) 出版。8月、岡山植物学会、広島植物同好会の採集会指導。

1936年 (昭和11) 75歳　5月、日本植物学会で講演「桃を眺めてのたわ言」。7月、『随筆草木志』(南光社) 出版。8月、東京科学博物館で理科教育同好会の「植物教材の批評と講和」の講演。

1937年 (昭和12) 76歳　1月、『牧野植物学全集』(誠文堂新光社) に対して朝日賞を受賞。10月、広島文理科大学に出講。

1938年 (昭和13) 77歳　6月、『趣味の草木志』(啓文社) 出版。7～8月、長崎、熊本、鹿児島、種子島などで調査採集。11月、広島、松山、別府など調査採集。「園芸植物瑣談」を『実際園芸』に連載を始める (～昭和16まで)。

1939年 (昭和14) 78歳　東京帝国大学を辞任。

1940年 (昭和15) 79歳　6月、趣味の植物学会 (滋賀県近江八幡) 指導。9月、『牧野日本植物図鑑』(北隆館) 出版。11月、『雑草三百種』(厚生閣) 出版。

1941年 (昭和16) 80歳　5～6月、満州でサクラの調査 (大連、吉林、新京、奉天など)。8月、池長孟が標本返還の意向を示し神戸滞在。11月、大泉の自邸に安達潮花から「牧野植物標品館」(30坪木造) を寄付される。池長孟より標本が返還される。

1943年 (昭和18) 82歳　8月、『植物記』(筑摩書房) 出版。

1944年 (昭和19) 83歳　4月、『続植物記』(筑摩書房) 出版。

1945年 (昭和20) 84歳　5月、山梨県北巨摩郡穂坂村に疎開。10月、帰京。

1946年 (昭和21) 85歳　5月、『牧野植物混混録』創刊 (～昭和28年14号まで)。

1947年 (昭和22) 86歳　6月、『牧野植物随筆』(鎌倉書房) 出版。

1948年 (昭和23) 87歳　1月、『続牧野植物随筆』(鎌倉書房) 出版。7月、『趣味の植物誌』(壮文社) 出版。10月、昭和天皇陛下に御進講。

1949年 (昭和24) 88歳　4月、『学生版牧野日本植物図鑑』(北隆館) 出版。6月、『四季の花と果実』(通信教育振興会) 出版。

1950年 (昭和25) 89歳　日本学士院会員となる。5月、『図説普通植物検索表』(千代田出版) 出版。

1951年 (昭和26) 90歳　「牧野博士標本保存委員会」を文部省に設置。

同好会葛城山採集会。7月、金剛山調査。新種コンゴウタケを採集。8～9月、青森八戸、秋田営林署国有林調査。10月、大阪植物同好会比叡山。11月、盛岡、仙台。スエコザサを採集。

1928年（昭和3） 67歳 『科属検索日本植物志』（田中貢一・牧野富太郎、大日本出版）出版。2月23日、妻壽衛死去。6～7月、神戸、大阪、栃木（日光、金精峠、湯本）を採集調査。湯本でヒメザゼンソウを発見。8月、大阪、広島、宮島調査採集。10～11月、熊本、天草、鹿児島調査採集。

1929年（昭和4） 68歳 6月、『鳥物語花物語』（鷹司信輔・牧野富太郎、文藝春秋社）出版。『頭註国訳本草綱目』（春陽堂）出版（～昭和9）。

1930年（昭和5） 69歳 『花鳥写真図鑑』（岡本東洋写真・牧野富太郎解説、平凡社）出版。8月、山形県酒田、鳥海山、栃木県日光、白根山調査採集。9月、千葉県植物採集会（大東、東金、鹿野山）。11月、大阪植物同好会赤目滝採集会。12月、姫路、摩耶山、西宮、宝塚調査採集。

1931年（昭和6） 70歳 5月、志村、清澄山など採集会。6月、六甲山、大塩調査採集。7月、東北（青森、山形）など調査採集。8月、石鎚山など調査採集。久万小学校講演。12月、大阪、神戸、広島など調査採集。

1932年（昭和7） 71歳 この年に創刊された『本草』に随筆を連載（～昭和9）。10月、『原色野外植物図譜』（誠文堂）第1巻出版（昭和8年全4巻刊行）。11月、『植物学講和』（牧野富太郎・和田邦夫、南光社）出版。

1933年（昭和8） 72歳 5～6月、京都、広島調査採集。7月、新潟、佐渡島調査採集。8月、瀬戸内海調査採集。9月、京都、兵庫、大阪で採集。スイタグワイ調査。

1934年（昭和9） 73歳 8月、高知博物学会・高知県教育会・高知市教育会による植物採集講習会（高知、横倉山、室戸な土）に講師として参加。『牧野植物学全集』第一巻を出版（～昭和11年第7巻まで）。

1935年（昭和10） 74歳 2月、『植物学名辞典』（牧野富太郎・清水藤太郎、春陽堂）出版。5月、千葉県植物採集会の採集会指導。6月、

ブドウを採集。高知の三原、中村、佐川などで調査採集。5～11月、『植物学講義』(第1～6巻) 出版。

1914年 (大正3)　53歳　8月、岡山県新見で講習会。アテツマンサクを採集。鹿児島県臨時博物調査委員。桜島など調査採集。12月、『東京帝室博物館天産課日本植物乾腊標本目録』(根本・牧野) 出版。

1915年 (大正4)　54歳　シソ科新属ヤマジオウ属及びヒメキセワタ属を『植物学雑誌』に発表。

1916年 (大正5)　55歳　4月、『植物研究雑誌』を創刊。12月、池長孟から援助申出があり、寿衛夫人と共に面会。

1917年 (大正6)　56歳　3月、標本一式を神戸へ送る。4月、箱根採集。5月、富士山、御殿場調査採集。

1918年 (大正7)　57歳　10月、池長植物研究所開所

1919年 (大正8)　58歳　3月、荒川堤へサクラの採集調査。8月、『雑草の研究と其利用』(牧野富太郎・入江彌太郎) を出版。

1920年 (大正9)　59歳　3～4月、伊豆大島三原山でサクラ調査。

1921年 (大正10)　60歳　10～12月、池長植物研究所滞在。11月、大阪植物同好会参加。

1922年 (大正11)　61歳　東京大学で野外実習などを担当する。7月、成蹊女学校の日光植物採集を指導。8月、久住山夏期大学の講師。伊予西条講習会の講師。石鎚山で調査採集。12月、内務省栄養研究所嘱託となる (～大正12)。

1923年 (大正12)　62歳　『植物研究雑誌』を『植物の知識と趣味』として発行。部数少なく、現存せず。

1924年 (大正13)　63歳　8～9月、四日市、菰野採集。那智勝浦、新宮、田辺調査採集。10～11月、伊勢神宮調査採集。

1925年 (大正14)　64歳　『日本植物総覧』(牧野富太郎・根本莞爾、春陽堂) 出版。『日本植物図鑑』(北隆館) 出版。

1926年 (大正15)　65歳　『植物研究雑誌』として津村研究所が発行。5月、東京府北豊島郡大泉村 (現・練馬区東大泉) に居を構える。7月、妙高山、野尻湖で調査採集。

1927年 (昭和2)　66歳　4月、理学博士号を授与される。5月、大阪植物

試験場に嘱託として勤務（～昭和23）。9～11月『新撰日本植物図説』顕花及び羊歯類部（第8、9集）を出版。

1901年（明治34）40歳 『新撰日本植物図説』顕花及び羊歯類部（第10～12集）を出版。『日本禾本沙草植物図譜』（敬業社、～明治36）、『日本羊歯植物図譜』（敬業社）を出版。『植物学雑誌』にシリーズ論文「日本植物観察」（英文）を発表。

1902年（明治35）41歳 8月、『大日本植物志』第1巻第2集刊行。

1903年（明治36）42歳 8月、北海道利尻山調査採集（ボタンキンバイなど採集）。

1905年（明治38）44歳 8月、岩手早池峰山調査採集（カトウハコベなど採集）。

1906年（明治39）45歳 8月、岡山から九州を採集調査・講習会に参加する。田代善太郎主宰豊前・英彦山の第1回夏期植物講習会に参加（以降6回に渡り参加。九州を採集調査）。『日本高山植物図譜』（三好学・牧野富太郎）出版。9月、『大日本植物志』第1巻第3集刊行。

1907年（明治40）46歳 新宿御苑嘱託となる。8月、九州阿蘇山を調査採集。10月、東京帝室博物館天産課嘱託となる（～大正13）。『増訂草木図説』（牧野富太郎再訂増補）出版。

1908年（明治41）47歳 8～9月、雲仙、長崎、五島、福江島など調査採集。

1909年（明治42）48歳 7月、『植物学雑誌』に新属・新種ヤッコソウを記載。8～9月、霧島、高千穂、鹿児島、屋久島などで調査採集。

1910年（明治43）49歳 8月、徳島、大隈、薩摩半島、愛知・伊良湖岬などで調査採集。

1911年（明治44）50歳 4月、千葉県立園芸専門学校（東葛飾郡松戸町）講師嘱託（～大正3）。8～9月、九州・久住山、熊本、広島で採調査採集。12月、『大日本植物志』第1巻第4集刊行。新科ヤッコソウ科を設立、『植物学雑誌』に発表。

1912年（明治45）51歳 1月、東京帝国大学理科大学講師となる。

1913年（大正2） 52歳 7月、エングラー（ドイツの植物分類学者）と日光調査採集。7～8月、高梁教育会植物講習会参加。シラガまる。

1888年（明治21）27歳　11月、『植物学雑誌』にシリーズ論文「日本植物報知」を発表開始。『日本植物志図篇』第1巻第1集を出版。12月、『日本植物志図篇』第1巻第2集を出版。

1889年（明治22）28歳　1月、『植物学雑誌』に大久保三郎とヤマトグサを記載発表。『日本植物志図篇』第1巻第3集を出版。3月、『日本植物誌図篇』第1巻第4集を出版。4月、帰郷。

1890年（明治23）29歳　1月、『日本植物志図篇』第1巻第5集を刊行。3月、『日本植物志図篇』第1巻第6集を刊行。5月、日本新産種ムジナモを発見)。8月、池野成一郎と採集調査（水戸、磐城湯本、栗駒山など)。

1891年（明治24）30歳　10月、『日本植物志図篇』第1巻第7～11集を出版。

1893年（明治26）32歳　2月、帝国大学理科大学より植物学標本整理及び植物採集を委嘱される。9月、理科大学助手になる。10～11月、愛知県、滋賀県、京都府で標本採集。

1894年（明治27）33歳　10～11月、静岡県、愛知県、滋賀県、京都府で調査採集。

1895年（明治28）34歳　3月、道灌山、三河島、子安などで標本採集。4月、神奈川、埼玉で調査採集。11月、高知帰郷。

1896年（明治29）35歳　4月、河野福太郎とともに千葉県で調査採集。安房天津でエビアマモ、清澄山でキヨスミコケシノブ採集。10～12月、大渡忠太郎、内山富次郎と台湾（基隆、台北、新竹など）で調査採集。

1898年（明治31）37歳　『植物学雑誌』にシリーズ論文「日本植物調査報知」を発表。

1899年（明治32）38歳　『新撰日本植物図説』顕花及び羊歯類部（第1～7集)を出版。8月、富士山調査採集。11月、田中芳男より飯沼慾斎の顕微鏡を贈られる。『植物学雑誌』にシリーズ論文「新種若クハ未ダ普ク世ニ著聞セザル本邦植物」(英文）を連載。

1900年（明治33）39歳　パリ万国博覧会に日本のタケ・ササ類標本47種類を出品。2月、『大日本植物志』第1巻1集刊行。8月、農事

牧野富太郎年譜（年齢は数え年）

1862年（文久2） 4月24日、土佐高岡郡佐川村で牧野成太郎として生まれる。

1865年（慶応元）4歳 父・佐平死去。

1867年（慶応3） 6歳 母・久寿死去。

1868年（明治元）7歳 祖父・小左衛門死去。富太郎と改名。

1871年（明治4）10歳 土居謙護、伊藤蘭林に学ぶ。

1872年（明治5）11歳 土居謙護の寺子屋で習字を学ぶ。

1873年（明治6）12歳 伊藤蘭林に習字と漢学を学ぶ。名教館に入学。英語学校で英語を学ぶ。

1874年（明治7）13歳 佐川小学校入学。

1876年（明治9）14歳 同郷の国枝義光（士族・英学者）から『西画指南』を贈られる。佐川小学校中退。

1877年（明治10） 16歳 佐川小学校授業生となる。

1879年（明治12） 18歳 五松学舎入塾。

1881年（明治14） 20歳 4月、初の上京。田中芳男、小野職愨に会う。第2回内国勧業博覧会を見学。顕微鏡や書籍、植木屋で植物などを購入。6月途中、日光、箱根および伊吹山で標本採集をしながら、徒歩、汽車、汽船、人力車などで高知へ帰郷。8月、高知県横倉山植物調査採集。9月、高知県幡多郡へ植物調査採集。

1882年（明治15） 21歳 佐川鳥巣石灰石山にシダ採集。

1884年（明治17） 23歳 4月上京。東京大学理学部植物学教室に出入りさせてもらい、標本、文献の利用を始める。9月、帰郷。その後、11月まで高知県内（佐川、須崎、越智、吾川など）を調査採集。

1885年（明治18） 24歳 8月、永沼小一郎、吉永悦郷、矢野勢吉郎と石鎚山を調査採集。10～11月、佐川から宿毛まで調査採集。

1886年（明治19） 25歳 5月、上京。ヒルムシロ属の研究を行う。石版印刷技術を習得する。

1887年（明治20） 26歳 『植物学雑誌』第1巻第1号に分類学の処女論文「日本産ひるむしろ属」を発表。リュウノヒゲモなどの和名をつける。ロシアのマキシモヴィッチと標本検定を通じ交流始

・大野正男『牧野富太郎と動物（こつう豆本138)』日本古書通信社、2000
・佐川史談会編『佐川史談 霧生関』牧野富太郎博士特集号、37号、2001
・佐藤清明資料保存会・里庄町立図書館『佐藤清明資料保存会会報』No.3、2019
・渋谷章『牧野富太郎――私は草木の精である』リブロポート、1987
・白岩卓巳『牧野富太郎と神戸』神戸新聞総合出版センター、2008
・俵浩三『牧野植物図鑑の謎』平凡社新書、1999
・Thiers, B. M. "*Herbarium-The Quest to Preserve and Classfy the World's Plants*", Timber Press, Inc., Portland, 2020
・土岐隆信「明治以降の岡山県における民間の植物研究の軌跡」『岡山県自然保護センター研究報告』27: 1–22、2020
・Nakaike, T. and Yamamoto, A. "Enumeration of the Latin names of pteridophytes published by Dr. Tomitaro Makino". *Journal of Phytogeography and Taxonomy* 49: 171-178, 2001
・山田耕作「日本蘚苔類文献目録」『蘚苔類研究』12(4): 118–121、2020
・山本和夫『牧野富太郎――植物界の至宝』ポプラ社、1953
・山本正江・田中伸幸（編）『牧野富太郎植物採集行動録　明治・大正篇』高知県立牧野植物園、2004
・山本正江・田中伸幸（編）『牧野富太郎植物採集行動録　昭和篇』高知県立牧野植物園、2005

主要参考文献

・朝比奈泰彦「本誌の創始者 牧野富太郎先生逝く」『植物研究雑誌』32(2) : 33–35、1957
・池波正太郎『武士の紋章』新潮文庫、1994
・五百川裕「学校教育と郷土植物学」『植物地理・分類研究』67(1) : 13–19、2019
・Davidse, Gerrit. "Julian Alfred Steyermark", *Taxon* 38(1) : 160–163. 1989
・上村登『牧野富太郎伝』六月社、1955
・加藤僖重「牧野富太郎先生が立ち上げた『植物研究雑誌』と植物同好会」『植物研究雑誌』91(suppl.) : 16–23、2016
・高知県立牧野植物園『牧野富太郎とマキシモヴィッチ——近代日本植物分類学の夜明け』高知県立牧野植物園、2000
・高知博物学会編『土佐の博物』5号、1937
・国立科学博物館『植物学者牧野富太郎の足跡と今』国立科学博物館企画展・日本の科学者技術者展シリーズ第10回図録、2012
・牧野富太郎『趣味の植物採集』三省堂、1935
・牧野富太郎『牧野富太郎自叙伝』長嶋書房、1956
・増田芳雄「日本における植物学の曙」『人間環境科学』5: 33-83、1996
・日本植物学会『日本の植物学百年の歩み——日本植物学会百年史』1982
・小倉謙編『東京帝国大学理学部植物学教室沿革　附理学部附属植物園沿革』東京帝国大学理学部植物学教室、1940
・大場秀章編『日本植物研究の歴史——小石川植物園300年の歩み』東京大学出版会、1996
・大場秀章「牧野富太郎伝に向けた覚書」『植物地理・分類研究（分類）』9(1) : 3–10、2009
・太田由佳・有賀暢迪「矢田部良吉年譜稿」『国立科学博物館研究報告E類：理工学』39: 27–58、2016

田中伸幸 たなか・のぶゆき
1971年、東京都出身。
国立科学博物館植物研究部陸上植物研究グループ長。
東京都立大学大学院理学研究科博士課程修了。博士(理学)。
専門は植物分類学。
高知県立牧野植物園研究員、同標本室長、
高知大学客員准教授などを経て、2015年4月より国立科学博物館勤務。
茨城大学大学院農学研究科客員教授兼任。
山本正江との共編著に『牧野富太郎植物採集行動録 明治・大正篇』
『同 昭和篇』(いずれも高知県立牧野植物園)。

NHK出版新書 696
牧野富太郎の植物学
2023年3月10日　第1刷発行

著者 田中伸幸 ©2023 Tanaka Nobuyuki
発行者 土井成紀
発行所 NHK出版
〒150-0042 東京都渋谷区宇田川町10-3
電話 (0570) 009-321(問い合わせ) (0570) 000-321(注文)
https://www.nhk-book.co.jp (ホームページ)

ブックデザイン albireo
印刷 新藤慶昌堂・近代美術
製本 藤田製本

Printed in Japan ISBN978-4-14-088696-0 C0245

NHK出版新書好評既刊

モチベーション脳
「やる気」が起きるメカニズム
大黒達也
意識的な思考・行動を変えるには、無意識の「脳のやる気」を高めることが重要だ。脳が「飽きない」ための仕組みを気鋭の脳神経科学者が解説。
693

子どものサバイバル英語勉強術
早期教育に惑わされない！
関 正生
早期英語教育の誤解を正し、お金と時間をかけずに子どもの英語力を伸ばすコツを伝授。700万人を教えたカリスマ講師による待望の指南書！
694

道をひらく言葉
昭和・平成を生き抜いた22人
NHK「あの人に会いたい」制作班
先達が残した珠玉の言葉が、明日への活力、生きるヒントとなる。不安の時代を生きる私たちの背中をそっと押してくれる名言、至言と出合う。
695

牧野富太郎の植物学
田中伸幸
牧野富太郎の研究、普及活動の真価とは？ NHK連続テレビ小説「らんまん」の植物監修者が、「天才植物学者」の業績をわかりやすく解説する。
696

小説で読みとく古代史
神武東遷、大悪の王、最後の女帝まで
周防 柳
清張は、梅原は、黒岩重吾や永井路子は、こう考えた——。気鋭の作家が、先達の新説・異説を踏まえて「あの謎」に迫る、スリリングな古代史入門書。
697